建筑施工安全生产的政府调控研究

郭中华　著

中国建筑工业出版社

图书在版编目（CIP）数据

建筑施工安全生产的政府调控研究/郭中华著. —北京：中国建筑工业出版社，2022.12
ISBN 978-7-112-28212-8

Ⅰ.①建… Ⅱ.①郭… Ⅲ.①建筑工程-工程施工-监督管理-研究 Ⅳ.①TU712

中国版本图书馆 CIP 数据核字（2022）第 221951 号

本书尝试从对生产安全事故的影响这一结果视角剖析不同的立法规制要点和监管模式的有效性，为政府优化建筑施工的安全生产调控措施提供依据。本书共分为 8 章，内容分别为绪论；理论基础及研究方法；中国建筑施工安全生产立法指数及立法变迁；立法对建筑施工生产安全事故的规制作用分析；监管模式对建筑施工生产安全事故的牵引效应分析；基于合规分析范式的安全生产立法优化；基于事故预测模型的政府监管机制创新；结论与展望。

责任编辑：张　磊　杨　杰
责任校对：党　蕾

建筑施工安全生产的政府调控研究
郭中华　著
*
中国建筑工业出版社出版、发行（北京海淀三里河路 9 号）
各地新华书店、建筑书店经销
北京科地亚盟排版公司制版
北京建筑工业印刷厂印刷
*
开本：787 毫米×960 毫米　1/16　印张：8¼　字数：154 千字
2023 年 3 月第一版　　2023 年 3 月第一次印刷
定价：**55.00** 元
ISBN 978-7-112-28212-8
（40627）

前　言

长期以来，建筑业的特殊作业方式和作业环境导致生产安全事故频发，成为实现工程建设目标的关键障碍。政府作为建筑施工安全的主要监管机构，立法规制和监督管理是政府调控建筑施工安全的两大措施。制定有效的建筑施工安全生产法律法规和监管模式，对于降低建筑施工的事故率和死亡率，保障建筑施工的安全具有重要作用。分析立法规制和监管模式的实施效果是提高政府安全生产调控有效性的基础。本书尝试从对生产安全事故的影响这一结果视角剖析不同的立法规制要点和监管模式的有效性，为政府优化建筑施工的安全生产调控措施提供依据。

由于立法具有地区一致性和时间差异性，因此，本书从建筑施工生产安全事故的时间演变角度分析立法规制作用。提出了安全生产立法指数的概念，用以衡量建筑施工安全生产的立法力度，这是首次将限定领域的立法力度进行量化。为定量分析立法与事故的相关性提供了可能性。基于2004年至2019年颁布的建筑施工安全生产相关法律法规，以及5396条建筑施工生产安全事故记录，本书从立法规制作用下事故属性和事故致因的时间演化角度探讨了立法对建筑施工生产安全事故的作用机理，为立法的有效性分析提供了新视角。

考虑到监管模式的地区差异性和时间一致性特征，本书从建筑施工生产安全事故的空间对比角度分析监管模式的有效性。根据各地区建筑施工安全生产监管的截面数据，将建筑施工安全生产监管模式拆解为政策调节、以罚促管、严控准入、隐患排查和安全考评五种基本模式。通过分析各监管模式下建筑施工生产安全事故的事故率、死亡率、事故严重程度、事故致因关联特性和关键事故致因的差异性，对各监管模式进行有效性评价，深入挖掘各监管模式对事故的作用机理。

最后，根据立法和监管模式的有效性和作用机理，从立法和监管两个层面提出了政府调控的优化方案。为提高立法调控的有效性，将提取的事故致因同法规的适用情况进行了合规分析，目的是分析现有立法对事故致因的规制程度，探求立法盲区。为提高政府监管的有效性，将被动的事故应急变为主动的事故预防，基于2017年至2019年的事故数据和监管数据，构建了6个机器学习预测模型。分别对百亿产值事故率和百亿产值死亡率进行了预测。依据预测变量的有效性和模型适用性分析结果，本书提出了一个基于“目标一行为”模式的政府监管机制。

本书构建的结果导向的安全生产政府调控有效性分析框架，突破了成本效益分析的长期限制，给各行业的安全生产调控有效性分析带来新方法，使政府监管者可以根据客观的、定量化的宏观数据，而不是有限的个人经验，来评价调控策略。为建筑施工行业安全生产的政府调控的制度安排和创新提供了新思路。并且，本书提出的立法指数、立法规制、监管模式等关键概念，以及将安全生产监管拆分为五种基本模式的做法，为安全生产政府调控理论的发展作出了一定贡献。

目　　录

第1章 绪　　论

1.1 研究背景及意义

1.1.1 研究背景

安全生产是影响建筑业持续和健康高质量发展的关键问题。特殊的作业方式和作业环境导致建筑业生产安全事故频繁发生，并被认为是最危险的行业之一。根据美国劳工局的统计数据，2013年至2016年间，建筑业的伤害率位居所有行业之首（BLS，2018）。2019年，美国建筑业死亡人数为1061人，约占美国全社会职业死亡人数的20%（BLS，2019）。英国建筑业死亡率更高，从业人数占劳动者总数的5%，死亡人数占职业死亡人数的比例则达到了27.7%（HSE，2014）。同时，由于建筑业人工作业、高处作业和交叉作业多，一旦发生生产安全事故，后果通常较为严重。不仅给企业带来很大的经济损失，还对人民的身体健康和生命安全造成了很大的伤害，造成了不良的社会影响。美国职业安全与健康管理局（Occupational Safety and Health Administration，OSHA）的统计数据显示，在美国建筑施工生产安全事故每年带来的经济损失达到48亿美元，2014年建筑业生产安全事故造成的损失约为项目总成本的8%，严重影响了项目的利润率和目标的实现（OSHA，2015）。因此，改善建筑施工的安全状况势在必行。

中国正处于城市化高速发展的阶段，建筑行业的安全现况更加不容乐观。中国作为建筑业大国，中国建造已经成为推动中国经济发展的重要支撑力。建筑施工生产安全事故的发生长期以来一直是建设目标实现的关键阻碍之一。在中国，建筑业事故数量和死亡人数仅次于交通运输业，是排名第二的危险行业（中华人民共和国应急管理部，2017）。尽管我国建筑施工技术水平不断提高，安全生产管理方法不断完善，但统计结果显示（图1.1[1]），近年来事故数量和死亡人数仍呈现缓慢上升的趋势。2019年我国房屋市政工程共发生生产安全事故773起、

[1] 数据来源：住房和城乡建设部，http://www.mohurd.gov.cn/

死亡 904 人，比 2018 年事故起数增加 39 起、死亡人数增加 64 人，分别上升 5.31%和 7.62%（中华人民共和国住房和城乡建设部，2020）。虽然专家和学者不断探索抑制生产安全事故发生的措施，相应的施工现场的安全生产条件不断改善，但是图 1.1 的结果显示近 10 年来建筑业的安全状况依然令人担忧。生产安全事故率和死亡率不但没有明显下降，相反，随着先进制造技术与传统建筑业的融合，工程建造技术、项目管理模式和产业工人队伍正经历着新的变化，致使建筑业的安全生产管理还有日益复杂化的趋势。如何有效地降低建筑施工的事故率和死亡率，成为推动建筑业健康发展的重要问题。

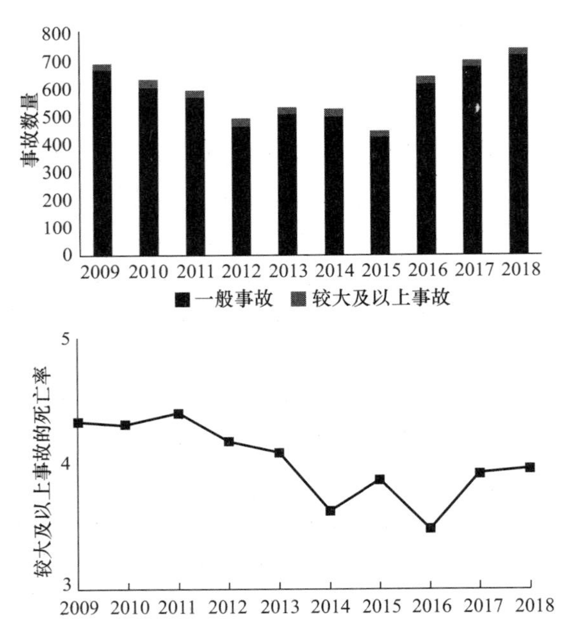

图 1.1　2009 年至 2018 年事故数量和较大及以上事故死亡率

1.1.2　研究意义

面对频繁发生的建筑施工生产安全事故，有很多问题需要研究和反思，从政府调控角度进行制度反思和策略反思是其中的关键点之一（贾璐，2012）。保障建筑施工的安全仅依靠企业无法达到预期效果。事故的发生具有不确定性，企业的安全生产管理更多地表现为“只见投入不见产出”。即使安全设施不完善也不一定会发生生产安全事故，纵然发生生产安全事故，带来的经济损失同完善安全设施和健全安全生产管理制度的费用相比可能也比较低。企业追求利润最大化的目标，致使其在提高施工安全方面的努力是有限的，容易导致企业“铤而走险”

(马琳,2015)。根据政府调控理论和政府治理理论,保障建筑施工过程的安全,必须依靠政府对建筑施工过程进行安全调控(李利平和周望,2017)。《欧洲风险观察报告》中指出,政府的调控是解决生产安全问题的基本驱动力,提高生产的安全水平需要建立强有力的政府调控制度和框架(EU-OSHA,2012)。因此,制定有效的政府调控措施,在维持建筑行业高速发展的同时保障从业人员的生命安全,逐渐成为各国安全生产监管部门和广大专家学者们关注的焦点。

提升政府对建筑施工安全生产调控的有效性,不仅有利于保障相关主体的生命和财产安全,还能在一定程度上确保建设目标的实现。政府对建筑施工安全生产的调控是一种外部规制,主要指政府对建筑企业和作业人员的安全生产行为进行调节和控制(韩巍,2016;詹瑜璞和孔繁燕,2009)。"工程活动是技术要素和非技术要素的统一。工程科学不仅要研究工程活动中的技术要素和规律,还要研究工程活动中的经济要素和社会要素的规律"(李伯聪,2020)。其中,建筑施工安全生产的政府调控便是工程的社会要素之一。从直接对象的角度来看,建筑施工的安全直接涉及施工技术问题和项目管理问题(Hollnagel,2018)。由于施工组织和管理过程依据政府调控政策的有关要求来实施(Hale 和 Borys,2013),因此,深层次的问题是如何设计建筑施工安全生产政府调控措施和制度。政府作为建筑施工安全生产管理的主要监管机构,其对建筑施工安全生产的调控是一种强制性的规制,调控措施包括两个方面:立法规制和监督管理(以下简称监管)。本书中立法是指制定法律法规,包括中央和地方政府制定的法令、办法、条例等。法律法规是企业的行为准则,也是企业施工活动最基本的安全要求(Ju 和 Rowlinson,2020)。监管则是法律法规得以实施的重要保障,被利益相关者和研究人员视为改善工作场所安全状况最有效的措施(Maceachen 等,2016)。世界银行也认为,法律法规及其执行对经济发展至关重要,有助于实现利润率的长期增长(Blanc,2018)。因此,提高政府对建筑施工安全生产调控的有效性需要从立法和监管两个方面努力。

有效性分析为政府制定、修改安全生产有关的法律法规,也为建筑施工安全监管部门完善监管措施提供了依据。然而,目前理论和实践领域均缺乏系统地评估安全生产政府调控有效性的研究,也缺乏广泛适用的分析框架。设计一个普遍接受的分析框架一直是专家和学者努力的方向。安全生产政府调控有效性的关键在于安全生产法律法规和监管模式对改善企业安全生产过程和结果的牵引效应(Salguero-Caparrós,2020)。以企业安全生产行为为基础的过程评价,可能导致企业对遵守法律法规的重视超过对安全做法本身的重视(Hale 和 Borys,2013)。并且建筑施工企业具有类型多样性,建筑施工项目具有唯一性和一次性特征,基于微观层面的少数个人或组织行为的分析结果的行业普适性有待考量。调控措施的有效性分析需要结合建筑施工的特征和要求，选择适当的指标和分析方法，然而目前这方面的研究还比较欠缺。

考虑到制定法律法规和实施监管对建筑施工安全生产的重要作用，以及对安全生产法律法规和监管模式实施效果分析的需要和分析框架欠缺的现实状况，本书在分析国内外建筑施工安全生产的政府调控相关研究和实践应用的基础上，从不同的立法阶段和不同监管模式下生产安全事故的时间演变规律和空间对比特征的角度分析了建筑施工安全生产立法和监管模式的有效性。之后基于合规分析方式，从事故致因合规性的角度探索了立法没有覆盖的地带，为立法完善指明方向。最后依据实际的安全生产监管数据构建了地区建筑施工生产安全事故发生情况预测模型，从降低生产安全事故率和死亡率角度对建筑施工安全生产监管模式的优化提出制度创新建议。

在实践方面，本书为建筑施工安全生产政府调控措施的有效性分析提供可行的方法，为监管部门根据客观的、定量化的数据而不是根据有限的个人经验或专家意见，评价和制定安全生产调控措施提供了可能性。同时，本书的研究均是基于公开披露的实际数据，其结果为建筑施工安全生产的政府调控措施的进一步完善提供可靠依据。

在理论方面，本书重新定义了安全生产政府调控的有关理论，突破了泛“监管”理论的应用，将安全生产政府调控措施分为了立法和监管两个层面。提出了立法指数的概念，实现了对建筑施工安全生产的立法力度的定量化描述，并为进一步分析立法与建筑施工安全生产状况之间的相关性提供了可能性。以监管行为为依据将监管模式进行分解，为安全生产的政府调控理论的发展奠定了基础，也为政府调控的有效性分析提供了可行的分析框架。

1.2 国内外研究现状

本书建立在两个关键领域的基础知识之上：立法和监管。随着政府调控理论应用范围的扩展，这两个知识领域均在一定程度上得到了理论界和实践界的关注。本书在综合分析国内外有关文献的基础上，分别对立法规制和政府监管的研究内容和研究方法进行了梳理，分析了当前两个领域研究的局限性，为本书的研究目的和研究内容提供支撑。

1.2.1 安全生产的政府调控

（1）政府调控与政府监管

政府调控又被称为国家干预或宏观调控，政府调控理论最初是为了研究经济学问题而提出的，指政府为了弥补市场失灵而对经济总体进行的调节与控制（宋德福，2001）。在这一过程中，国家可以采取的调控手段包括法律手段、行政手段、经济手段等。社会的发展促进了政府调控的范围不断拓展至所有存在市场失灵领域，包括安全生产领域（王俊豪，2021）。建筑施工作为经济活动的一种，建筑施工企业的安全生产管理行为和决策将会对作业人员的生命安全造成影响，即存在负外部性，并且，建筑施工企业和作业人员之间也存在信息不对称，造成市场失灵，使政府对安全生产过程进行调控成为必要。政府对建筑施工安全生产的调控可以理解为，政府为了使生产过程中危及劳动者生命和财产安全的各种风险因素处于有效控制状，而采取的调控措施。目的是使建筑施工过程中的人—机器—环境之间和谐运作。虽然一些国家会采取经济手段来对安全生产进行调控，例如，在欧盟，一些成员国为企业提供公共资金作为补贴、赠款或融资，来促进建筑施工的安全。一些成员国制定了税收激励措施来激励企业进行安全施工。还有一些成员国对拥有良好安全生产记录的公司或组织提供了工作场所意外伤害保险保费折扣（Mischke 等，2013）。然而在中国，与经济领域的政府调控不同的是，政府对安全生产的调控是政府的一项基本的公共管理职责，是一种强制性的规制。经济手段运用的目的是资源的再分配，而安全生产的政府调控的目的是限制与约束个人或组织在特定场景下的行动（Zarosylo，2019）。因此，政府对建筑施工安全生产的调控的手段主要是法律手段和行政手段。

政府监管又被称为政府管制、政府规制。不同的专家和学者在引用监管时对监管的定义存在差异。马英娟在 2005 年发表了一篇论文专门对"监管"（Regulation）的概念进行了论述。她指出目前并没有一个统一的政府监管的概念，在理论研究和实践应用中，存在广义和狭义的政府监管概念。广义的政府监管将其定义为"某主体为使某事物正常运转，基于规则进行的控制或调节。"其中，"监管"包括制定法律法规和实施监督管理两个层面的内容，与政府调控的作用相近。狭义的政府监管则主要是指行政机构依据法律授权，通过行政许可、监督检查、行政处罚等行政措施对构成特定社会的个人和构成特定经济的经济主体的活动进行限制和控制（威廉，2011），其中的监管仅仅是指政府的监管管理。

本书中的建筑施工安全生产的政府监管是指狭义监管概念，指在市场机制的框架内有关行政管理部门依据法律法规等对建筑施工企业和个人的行为进行监督和管理，使建筑施工过程处于安全有序的状态，防止和减少生产安全事故，保障作业人员生命和企业财产安全。建筑施工安全生产监管目的在于预防和应对生产安全事故的发生，政府有意识地约束组织和个人行为，而实施的一种外部规制。安全生产监管模式则指在建筑施工安全生产监管过程中，受监管体制、治理理念、安全形势和社会政治经济条件等因素的影响，政府在监管手段与监管形式的选择和应用方面形成的整体性特征（Gao 等，2020）。例如美国和澳大利亚在安全生产监管过程中逐步实现的由合规监管向风险监管模式的转变（Poplin 等，2008）。

（2）安全生产的政府调控理论

安全生产的政府调控是政府对企业和个人的理性选择施加的外部限制，目的是克服或弥补市场失灵，帮助企业和个人规范生产行为保障建筑施工的顺利进行。当市场不完善、信息不完全、竞争不完全时，市场无法通过自身运行而达到帕累托最优，即出现市场失灵问题（约瑟夫·斯蒂格利茨，2010）。

建筑施工安全生产过程的市场失灵问题的主要原因有两方面：

1）外部性。建筑施工安全生产的外部性主要是指在建筑施工过程中，由于建筑施工企业或建筑施工项目参与者的不安全行为或决策造成建筑施工生产安全事故发生，带来的经济损失和对生命健康的伤害不仅由其自身承担，还会造成其他人的经济损失，对其他人的身体健康造成伤害，甚至造成不良的社会影响，严重的时候还会影响社会秩序和政治稳定。生产安全事故造成的外部影响是负面的，只会造成他人、组织或社会的损失，是一种负外部性（沈斌，2012；杨黎明，2008）。

2）信息不对称。建筑施工安全生产中的信息不对称体现在两个层面：一是建筑施工企业和作业人员之间关于企业安全生产条件相关信息的不对称。建筑施工企业拥有比作业人员关于企业的安全生产条件和施工过程危险因素等更多的信息，作业人员不了解施工过程的生产特性。这种信息不对称会导致逆向选择，即安全投入少，安全施工条件差的企业被作业者选择，使作业者承担的风险和获得的收益之间不平衡（高远，2020）。同样，也存在企业不了解作业人员的个体信息，包括身体状况、生产技能、安全知识和安全意识等，导致企业承担了额外的风险。二是建筑施工企业和建设单位之间关于建筑施工企业安全生产能力有关信息的不对称。由于当前的招标投标制度缺乏对企业的安全生产状况和能力的审查，当安全生产投入少的企业提供更低的投标价格时，就会造成安全生产条件差的企业被选择，使建设单位承担更多的风险。政府调控给企业和个人行为以外部硬性约束，并帮助企业建立一个安全的生产环境，从而预防、控制和减少生产安全事故的发生。

安全生产的政府调控还建立在政府治理理论的基础之上。政府对市场的调控“不仅是经济效益而是整体社会目标的效益”（蓝志勇等，2015）。因此，政府对建筑施工安全生产调控的目标“不仅是效率效益，而是重要的社会价值观的维护和弘扬”，是以实现社会的富强、民主、公平、公正和可持续发展为最终目的的。因此，安全生产的政府调控还以政府治理理论为基础。政府治理理论由 20 世纪

70年代的新公共管理运动演变而来（王浦劬，2014），是指政府政治管理的过程，它强调合理利用政治权威，优化政府处理政治事务和分配公共资源的方式。政府对建筑施工安全生产的调控是政府治理功能的一部分，目的是实现社会的公平和公正。

1.2.2　安全生产立法和政府监管研究的现状

（1）安全生产立法研究现状

在本书中，“立法”是指制定建筑施工安全生产法律法规，包括法律、行政法规、部门规章、地方性法规、地方政府规章、地方规范性文件和地方工作文件，是政府对建筑施工安全生产进行调控的主要手段之一。安全生产法律法规作为一种公共政策是党和政府用以规范、引导组织和个人进行安全生产的准则或指南（Baxendale和Jones，2000）。建筑施工生产安全事故的频繁发生迫使政府集中精力制定有效的建筑施工安全生产法律法规，用以遏制事故频发的现状。专家学者也对政府安全生产法律法规的制定进行了系统、全面的研究和探讨。安全生产法律法规的研究主要关注三个方面：

1）安全生产法律法规的实施对安全生产管理的影响

旨在消除或最小化生产安全事故的安全生产相关法律法规既是国家对安全生产进行调控的基础，也是培养安全的生产环境的催化剂。满足法律法规的要求是任何企业的首要责任。虽然法律法规通常是一个极简的安全生产策略，但它是任何组织的第一道预防措施，对企业的行为划定了一个边界。建筑施工安全生产法律法规已经成为企业和项目管理过程中的一个重要部分。Hale和Swuste（1998）认为安全生产法律法规可能构成外部对个人或组织的选择自由施加的限制。根据调整后的多层次事故模型（图1.2），安全生产法律法规是一种无形的保障，如果正确实施，可以实现减少风险，预防、控制或减轻不良事件的后果的目的。Hollnagel（2004）在分析生产安全事故时将法律法规作为“功能共振分析法”（Functional Resonance Analysis Method）的其中一个变量，即将安全生产法律法规作为影响事故发生的一个因素。Jacinto等人（2011）也证实在生产过程中正确地应用法律法规可以预防和控制生产安全事故的发生，减少生产安全事故的影响。因此，将安全生产法律法规贯彻落实到组织的管理工作中是管理者制定管理制度的重要方面。

2）法律法规制定的缺陷和挑战

政府在制定安全生产法律法规时通常会面临三个缺陷和挑战：一是可能导致企业对遵守法规的重视超过了安全做法本身。Nja和Fjelltun（2010）针对安全生产法律法规的适用情况调查了挪威一家公司的高层管理者。他们发现，对于很

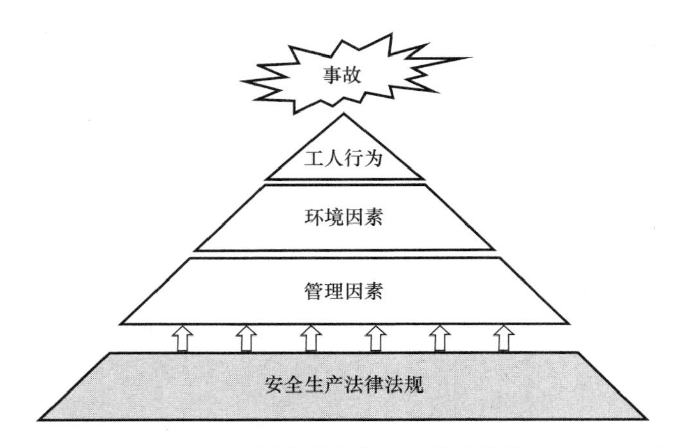

图 1.2 调整后的多层次事故模型

多高层管理者，建立安全管理体系的意义更多地在于遵守法律法规的规定，而不是针对安全问题进行管理。在我国，由于安全生产法律法规中问责制的设立，使这种现象更加凸显。姜雅婷和柴国荣（2017）通过对169份安全生产相关法律法规的分析，对安全生产问责制的发展和演化路径进行了分析，研究结果指出问责制的应用具有短期的激励作用，难以从根本上改善企业的安全生产状况。二是法律法规的制定存在盲点。法律法规并没有完全覆盖施工作业中的不安全因素，致使引发生产安全事故的不安全因素长期存在。Gomes（2008）研究了大量生产安全事故样本，确定了导致生产安全事故发生的主要的因素类别，然后将其与法律法规要求进行对标。根据合规分析的结果指出了法律法规制定中存在的盲点。三是法律法规可能并不总是解决新的和正在出现的安全问题的最佳方法。法律法规通常是对过去经验的一种总结，而安全生产问题是极其复杂的，随着施工技术、管理方法和社会环境的变化，过去的经验在未来可能并不适用（Ju 和 Rowlinson，2020）。这三个方面的缺陷和挑战是抑制法律法规有效性的关键。

3）法律法规的有效性分析

Tomp 等（2016）通过对11974篇有关文献的调查证实，法律法规在减少伤害方面是有效的。在企业管理中正确应用法律法规可以预防和控制生产安全事故的发生，或者降低事故造成的不良后果。然而，制定法律法规的目的是为安全生产提供一个杠杆，而法律法规能否真正实现立法目的受到多种因素的影响。正如Hollnagel（2008）所说，安全生产立法提供的屏障系统的效果受到多种因素的综合影响。有效性分析是对立法可以在多大程度上影响安全生产的评价，是法律法规选择和法律法规完善的基础。Hale在2006年的一次研讨会上首次提出了安全立法有效性的议题。他认为为了提高政策的效果有必要制定更加明确的安全生产法律法规来提高其对安全生产的影响。然而随着时间的推移，学者发现经济压力和商业竞争力可能会与安全法规的遵守之间发生冲突。法律法规提供的屏障系统的效果具有双面性，适度的屏障可以帮助企业提高安全生产状况，但是超过一定的限度则可能对企业造成负担。管理部门不应该继续制定越来越多的规章制度，以覆盖生产过程的所有方面（Laurence，2005）。Hale等（2015）在之后的研究中也承认，法规并不是越多越详细越好。那么，何种程度的立法力度才是最有效的，既能够保障施工安全，又能够促进企业的发展？法律法规的有效性如何衡量是当前法律法规制定中需要解决的主要问题。

（2）建筑施工安全生产政府监管的研究现状

建筑施工安全生产监管属于外部监管，是指在市场机制的框架内，以保护作业人员的安全为目的，安全生产监管部门调控和干涉建筑施工企业生产过程的行为。国内外关于安全生产监管的研究内容可以分为三个方面：

1）安全生产监管措施

政府对建筑施工安全生产的监管可以采用多种措施，常见的监管措施包括：标准制定、行政许可、认证、审查、行政处罚、信息披露和检验等。江田汉（2020）的实证研究结果均证实，认证和行政处罚可以有效降低生产安全事故的发生率。Ko等人（2010）的研究结果说明安全检查在降低生产安全事故率方面是有效的。但是应该意识到，这些措施的应用应该掌握一定的限度，否则过犹不及。比如，处罚措施的应用中，如果处罚的力度过大，过于严厉，则容易导致企业故意隐瞒事故的负面效应（宗玲，2014）。对于检查措施的应用也是如此，第一次检查时其效果是最有效的，随着检查次数的增多，安全检查的有效性将逐渐降低（Ko等，2010）。因此，密集的安全检查可能存在资源的浪费，并不是一个有效的监管方式。标准制定、行政许可、信息披露和检验虽然很少被研究，但是却被广泛应用于实践中。

21世纪初又出现了一些新的安全生产监管措施——咨询和宣传。咨询是指通过向企业提供安全生产相关的咨询服务来提高企业的安全生产能力。关于咨询有效性的研究一直存在争议，并不是所有研究者都认为咨询对提高安全生产状况是有效的。Foley等人（2012）的研究结果显示咨询对降低企业生产安全事故率和费用支出方面是有效的。但是有些研究结果却显示，咨询对生产安全事故的发生并没有显著的影响，而咨询失败的原因是咨询覆盖的范围较小，并不是所有的公司都获得了咨询服务，大部分的公司只是与监管部门做了简单的接触，并没有获得详细的咨询服务。关于宣传的有效性分析结果显示，宣传活动可以提高合规性（Hogg-Johnson，2012）。这些结果均说明向企业传达安全生产监管知识的重要性。在企业管理过程中，企业用有限的理性和有限的能力来处理安全生产监管的信息，并不太了解被抽查的概率和监管对企业利润的影响。因此，监管机构可以通过积极沟通违反政府监管制度的后果来提高企业的安全生产意识。

2）安全生产监管负担

安全生产虽然是保障建筑施工安全的重要措施，然而，大量的政府安全监管措施增加了企业的负担，抑制了企业的生产力和创新力。在一些国家，已经提出了简化安全生产监管措施的建议，从而在可能的情况下减少监管负担。美国在1980年成立了信息与监管事务办公室（The Office of Information and Regulatory Affairs，OIRA），负责对联邦机构制定的主要政策进行集中审查，包括分析政策的影响和政策实施的成本和效益。英国在21世纪初也逐渐开始关注优化政府的监管制度，Young（2010）和Lofstedt（2011）在提供给政府的多个报告中均针对政府是否可以废除或简化监管进行了分析。荷兰从2010年开始实施一项制定、修改监管措施的授权政策（称为Arbocatalogi），该政策允许地方政府根据需要废除部分详细的地方政策（Baart和Raaijmakers，2010）。欧盟委员会在2015年将影响评估委员会改为监管审查委员（Regulatory Scrutiny Board，RSB），该委员会独立于立法部门，在立法的早期，负责评估和控制欧盟委员会制定的各项政策质量。我国在2018年成立应急管理部，将多个分散和重复设立的部门进行了整合，全面肩负起全国范围内的安全监管和应急救援等工作，一定程度上减轻了企业的监管负担。然而，政治主张没有达到最初的预期，结果却恰恰相反，当前在理论研究和实践应用领域存在“泛监管”的现象，将所有的不安全生产行为均归咎于监管的缺失，致使监管政策日益增多（王俊豪，2021）。但是经济发展的压力下减轻公司监管负担的整体趋势是不可逆转的。

3）增强安全生产监管有效性

采取合适的方法对安全生产监管的有效性进行分析是提高监管有效性的基础。安全生产监管有效性逐渐得到研究者的重视，尤其是近年来相关的研究逐渐增多。Poplin等（2008）将美国的合规性监管模式与澳大利亚的风险性监管模式进行了对比，旨在说明风险性监管模式的优势。Homer（2009）对比分析了中国和美国煤矿安全监管之间的异同，基于中国和美国煤矿安全状况之间的差距对这些监管模式进行了分析。同一年，Foley（2009）针对2000年华盛顿州的一项监管政策，采用加权回归法对2001年、2003年和2005年对5000多个工作场所进行的三次企业调查结果进行分析，并将结果与政策制定前的预期相比较，来说明该项监管政策是否有效实现了最初的目的。2011年Hale等受弗吉尼亚州阿灵顿乔治梅森大学莫卡特斯中心的委托，调查和研究了安全生产监管的有效性。2012年Hale和Borys对大量文献的梳理，对合规监管和安全监管的有效性进行了系统的对比分析。在国内，张国兴（2013）和汤道路（2014）运用博弈论对煤矿安全生产过程中不同参与方之间的博弈过程进行了建模，提出了监管优化策略。高远（2020）也从安全生产参与方之间的博弈的角度分析了不同监管模式的有效性，进而为政府安全生产监管机制的优化提供政策建议。

1.2.3 安全生产政府调控有效性的分析方法

政府调控有效性分析方法的文献回顾分两部分进行，分别梳理了安全生产法律法规有效性分析方法和政府监管的有效性分析方法。

本书对既有研究中，生产安全法律法规有效性的研究方法进行了回顾，总结了目前关于安全生产法规有效性的研究的三种主要方法：

（1）基于事故调查的合规性反向推演

多数研究者在进行生产安全事故调查时，通过对组织和个人行为进行不合规检测，然后再反推法规的适用性和有效性。本书将这种方法称为“基于事故调查的合规性反向推演”。安全生产法律法规的不合规检测研究比较早的是 Gomes（2008），他的研究重点是欧盟关于涉及农业、工业和建筑生产安全事故的法规所产生的立法影响。他研究了大量生产安全事故的样本，以确定导致事故的主要原因，然后将它们与法律法规要求相联系，进而对法律法规的影响作出评价。Katsakiori 等人（2010）也进行过类似的研究，他们分析了 2000～2008 年制造业发生的 40 起生产安全事故样本，然后分析导致生产安全事故的法律法规的不合规处，并为法律法规的进一步完善提供建议。值得注意的是，这项研究采用了一种 MILI（The Method of Investigation for Labor Inspectors）的方法，该方法由英国的劳工监察署提出，主要用于生产安全事故调查。Salguero 等人（2018）的研究则是按照工作事故记录、调查和分析（Registo，Investigacao e Analise de Acidentes de Trabalho，RIAAT）流程将事故调查同合规水平联系起来。他们分析了 2014 年安达卢西亚的 98 个生产安全事故调查样本，通过将提取的事故致因同法律法规要求相比较来分析安全生产的合规情况。这些研究将生产安全事故原因的真实数据与适用的法律交叉联系起来，帮助政府明晰被忽视的立法灰色地带。

（2）安全生产法律法规的收益—成本分析

收益—成本分析从 20 世纪初开始被许多国家用于法律法规制定过程中，法律法规的可实施性评价，是一种比较所提议法律法规可取与否的经济工具。国家在制定和实施法律法规方面将会投入大量的时间和资源。该方法通过比较实施法律法规的成本和预期的收益来评价法律法规的可实施性，当法律法规的总收益大于总成本时，法规被认为是可取的（刘少军，2011）。该方法最初主要应用在经济相关的法律法规的制定中，之后逐渐应用在环境相关的法律法规分析中。也有少数研究者将收益—成本分析方法应用在了安全生产法律法规的分析中。比如，

Blanc（2018）从成本和效益角度分析了法律法规对企业的生产能力的影响，并分析了企业在多大程度上遵守法律法规才能获得与支出的成本一样的收益。Wirahadikusumah 和 Adhiwira（2019）通过对雅加达和万隆的 8 个超高层建筑项目的调查，从安全生产支出的角度分析了超高层建筑项目实施安全生产管理法律法规的成本。Ramos（2020）选择了一个从事生产和安装临时结构的公司的案例，分析了该公司实施国家的安全生产法律法规的成本和收益，进而对法规的有效性进行了评价。然而，安全生产法律法规的收益—成本分析存在很多固有的问题。主要是因为在衡量边际收益和成本时，安全生产的一些收益和成本很难量化（Arrow 等，1996），比如企业的安全状况、人员的安全意识、企业名誉等。有很多专家和学者反对将收益—成本分析方法引用在安全生产法律法规的分析中，他们认为还有很多非经济因素值得考虑，比如公平，即使总收益超过总成本，安全生产法律法规也不可避免地涉及利益获得者和利益受损者。这种在金钱和安全之间做选择的做法违背了人道主义理念（Tompa，2008）。

（3）安全生产法律法规的适用性调查

安全生产法律法规的适用性调查主要是指运用问卷调查或访谈的方法对法律法规应用后的状况进行调查。比如，Laurence（2005）针对澳大利亚采矿业一项法律的变化访谈了 500 名矿工，根据法律法规对工人的行为产生的影响即工人的评价，对澳大利亚采矿业的法律法规进行了分析，他们的研究结果显示，广泛而详细的法律法规并没有很好地改变生产的安全性。为了提高研究的准确性，后来的研究在访谈对象的选择上进行了改进，比如 Niskanen（2012）通过在线问卷，调查了不同的安全生产参与者对欧盟第 89/391/EC 号指令中安全生产相关规定的评价，包括雇主（1478 人）、工人（1416 人）和相关专业单位（469 人）。并根据调查结果对有关规定的有效性进行了评价。也有一些研究将注意力放在了结果分析上，比如为了探讨乌干达安全生产法律法规的现状以及相关的实施挑战，Atusingwize 等（2018）审查了乌干达迄今为止的安全生产法律法规，并与利益相关者进行了访谈。他们发现，与现时工作场所的需要相比，现行的安全生产法律法规已基本过时。他们在研究中指出影响法规适用性的主要因素包括：法律框架的科学性、公众对安全生产的认知程度、企业安全生产规划的完整性、企业安全生产管理人员的能力、安全处罚透明度和安全生产问责制涉及的人员范围等。

安全生产监管模式的有效性，关键在于安全生产监管模式对改善企业安全生产过程和结果的牵引效应。因此，目前安全生产监管模式有效性分析的方法可以分为两类：行为牵引分析方法和结果牵引分析方法。

（1）行为牵引分析方法

行为牵引是指监管模式对企业和个人行为的影响。基于行为牵引的有效性分析方法，通过分析安全生产监管模式对企业和个人行为的影响，来分析监管模式的有效性。比如，Buff（2011）分析了政府安全生产监管的动机、态度、观念和技能对组织和个人的影响，进而从社会心理学的角度分析了为什么有些监管措施是有效的，而有些则是无效的。有些研究者从企业行为的角度分析监管的牵引效果，比如，Morillas 等（2013）采用案例分析方法，通过对 14 家瑞典和西班牙公司执行欧盟 89/391/EEC 指令的做法的差异进行了比较。他们选择了若干个公司行为指标进行了对比分析，并运用德尔菲法对这些指标的差异进行了评估，目的是评估该项欧盟指令对两国控制生产安全事故的有效性。Mellor 等（2011）则通过模拟分析英国的职业安全监管制度的实施过程，来进一步分析政府监管对企业的影响。也有一些研究者从个人行为的角度评价监管模式，比如，Niskanen 等（2014）运用线上问卷调查的方式，对芬兰 350 个化工企业的安全生产管理者和工人进行了调查，目的是分析政府的安全监管对利益相关者的行为的影响，以判断当前的安全监管模式的有效性，为进一步完善政府安全监管提供建议。

（2）结果牵引分析方法

监管模式的影响是综合的，监管模式有效性的最直接体现就是对安全生产结果——生产安全事故的影响，降低事故的发生率和死亡率是政府对建筑施工实施监管的最终目标。因此，结果牵引分析方法是指从事故特征出发，研究监管模式的有效性。由于企业行为难以量化的固有缺陷，根据事故特征评价监管模式有效性的方法逐渐得到研究者的青睐。Gray 和 Mendeloff（2005）通过对 1979 年至 1998 年的生产安全事故的分析，指出政府的安全检查有助于降低伤害率。Haviland 等（2010）则从事故类型方面分析了政府安全监管对不同类型的事故的发生率的影响。为了使研究方法和研究结果更具有说服力，研究者开始使用对比分析的方法。Levine 等（2012）设计了一个实验，选择了 409 家被政府随机检查的企业和 409 家没有被政府检查的企业，通过对比分析两个实验组的安全生产伤害率来对政府的随机检查制度进行评价。而 Foley 等（2012）通过分析咨询监管模式实施后事故的发生率和索赔费用的变化来评估咨询监管模式的有效性。最近的一项研究中，Johnson 等（2019）运用机器学习的方法，基于对伤害率的预测来分析如何更有效地提高政府安全生产监管的效率。

既有的关于安全生产政府调控的研究存在以下不足：

（1）建筑施工项目的安全状况、安全生产立法力度和安全生产监管效果根据专家经验来确定，理论基础薄弱。调控有效性分析中需要对项目的安全状况、安全生产立法力度和安全生产监管效果三个层面的综合指标进行评价，评价的准确性影响了有效性分析的结果。现有的研究对这些指标的评价通常选择问卷调查或德尔菲法来确定，较大地依赖于专家和作业人员的知识和经验。专家和作业人员通常基于他们的实践经验判断评价指标的值，很难在有限的时间内考虑所有的影响因素，也无法在特定的项目背景下对行业指标进行评价。

（2）以调控措施实施前后阶段为对比分析对象，无法排除其他因素的干扰。政府调控措施有效性分析的关键是提供一个有说服力的案例来说明调控措施是否有效。调控措施的影响具有延时性，即在未来一段时期内产生影响，而一段时期内政府部门会颁布多个调控措施。在对有效性评价指标的值进行量化时无法排除多重因素的影响。虽然有研究者选择从不同的行政区域和不同的时期所产生的影响，来对调控的有效性进行评估（Potter 等，2017），较之以前的研究，研究设计更加科学化。然而，立法和监管具有不同的特性，不能一概而论。因此，选择有代表性的分析对象来说明政策有效性一直是专家和学者努力的方向（Tompa 等，2016）。

（3）基于少数企业的微观层面数据，难以揭示调控措施对整个行业的宏观影响。建筑施工企业具有类型多样性，建筑施工项目具有唯一性和一次性特征，基于少数企业的微观层面数据的分析结果的普适性有待考证。作为最危险的行业之一的建筑业，由于特殊的作业方法，其生产安全事故具有自身的特征，需要根据其作业特点来进行独立分析。

（4）调控有效性分析多采用文献分析法或问卷调查法，缺乏宏观调控指标支持。定量化评价调控的有效性保证了研究结果的客观性。既有的研究多采用对少数个体或组织的调查来给评价指标赋值，少数个体和组织的评价值难以衡量宏观指标。在中国除了宏观经济数据外，宏观的监管数据通常难以获取，抑制了安全生产调控有效性分析方法的发展。

1.3 研究目的与内容

1.3.1 研究目的

对现有文献和实践应用的调查发现，当前关于建筑施工安全生产政府调控的研究存在三个主要问题需要解决。第一，建筑施工安全生产政府调控的影响程度如何？第二，测定政府调控影响程度的最佳方法是什么？第三，如何优化和创新政府调控的措施？那么解决这三个问题就是本书研究的目的。

（1）构建结果导向的调控有效性分析框架

分析工具和评价框架对于研究结果的准确性和适用性至关重要。构建科学的政府调控有效性分析框架，需要明确几个问题：

1）研究是否明确了调控措施特征（解释变量）与结果变量（因变量）之间

理论上正确的关系？

2）研究对象的特征是否正确定义、测量和描述？

3）统计方法是否适合研究问题和研究设计？

4）这项研究是否在结果和自变量之间建立了经验上正确的关系？

5）对结果的解释是否正确？

本书的研究重点在于设计一个结果导向的研究框架，在满足上述5个要求的前提下，为分析结果提供坚实的证据基础。

（2）以生产安全事故数据集为基础分析政府调控的作用机理

政府调控有效性分析的难度通常归因于难以获得有代表性的和适当时间跨度的数据集，以及难以获得可以推断政府调控影响的可靠的宏观指标。即使在安全生产政府调控被认为是全球最先进的欧洲，在对国家安全生产调控的有效性进行系统分析方面也存在明显缺陷。本书则希望基于地区建筑施工生产安全事故数据和监管数据，以及大量的生产安全事故案例，在分析政府调控有效性的基础上，进一步剖析政府调控的作用机理。

（3）以降低事故率和死亡率为目的优化调控措施

建筑施工安全生产政府调控研究的最终目的是为政府的决策制定提供依据，此类研究强调结果对实践的指导意义，而增强分析结果实践应用能力的关键是分析指标的选取必须可控、客观，结果需要可解释和可实施。本书以事故率和死亡率为结果变量，以政府可控的监管指标为预测变量，构建事故预测模型，并且结合政府调控作用的机理，提出优化政府调控措施的建议，进而缩小政府调控目标和组织实践之间的差距，提高措施的可实施性。

1.3.2 研究内容

政府对建筑施工安全生产的调控包括制定法律法规和实施监督管理，因此，为了实现上述研究目的，本书的研究内容围绕着立法和监管依次展开。本书的主要内容如下：

（1）从定量化角度评价立法规制作用。本书提出了安全生产立法指数和立法规制作用的概念，并根据政策特征将2004～2019年中国建筑施工安全生产法律法规划分为了四个阶段。之后，基于2004～2019年中国5396份建筑施工生产安全事故记录，分析了立法规制作用下建筑施工生产安全事故的属性特征和事故致因的演变规律，探讨了立法对建筑施工生产安全事故的作用机理。为立法有效性分析提供了新的分析方法。

（2）基于结果导向分析框架评价不同监管模式对建筑施工生产安全事故的调节作用。本书将当前中国的建筑施工安全生产监管分为政策调节、以罚促管、严控准入、隐患排查和安全考评五种基本模式。依据中国 31 个地区 2017～2019 年的安全生产监管数据，通过分析监管的最终结果——事故，来分析不同的安全生产监管模式的有效性。通过对不同监管模式下的事故率、死亡率、事故严重程度和事故致因的对比分析，对各监管模式进行了有效性评价并分析了监管模式的作用机理。

（3）分别从立法和监管模式角度提出建筑施工安全生产的政府调控优化方案。基于合规分析范式分析事故致因的立法规制情况。将造成事故的致因的真实数据与法律适用情况进行对标，识别立法不够明确或不够充分的灰色区域，并针对此提出立法优化的策略。同时基于地区事故率和死亡率预测模型创新监管制度。基于机器学习预测模型选取了 10 个政府监管指标，并采用 2017～2019 年的地区安全生产数据，构建了 C&RT、支持向量机、神经网络、CHAID、线性回归、广义线性 6 个机器学习预测模型。分别对各地区建筑施工的百亿产值事故率和百亿产值死亡率进行预测。通过对预测变量的有效性和模型适用性的分析，为政府建立生产安全事故预测系统，优化监管机制提出建议。

1.4 研究技术路线与方法

1.4.1 技术路线

本书搜集了 2004～2019 年建筑施工生产安全事故数据和事故记录，统计了 2004～2019 年的安全生产法规，整理了 2017～2019 年各地区安全生产监管相关的数据，之后基于事故致因理论、复杂网络理论和政府调控相关理论，分别分析了立法和管理模式对事故的影响，最终实现优化政府调控措施的目的。本书按照图 1.3 技术路线来开展研究：

1.4.2 研究方法

本书主要采用以下方法来开展研究：

（1）统计分析法

本书整理了 2004～2019 年建筑施工生产安全事故数据和法规制定情况，从国家和各地方政府应急管理部门和建设管理部门网站上收集了 2004～2019 年的事故记录，同时，从国家统计局、住房和城乡建设部网站上整理了 2017～2019 年的建筑施工安全生产相关的监管数据。之后运用统计分析方法分析了立法力度与事故率和死亡率之间的相关性。统计分析方法还被用来分析不同监管模式下事故率和死亡率之间的差异。

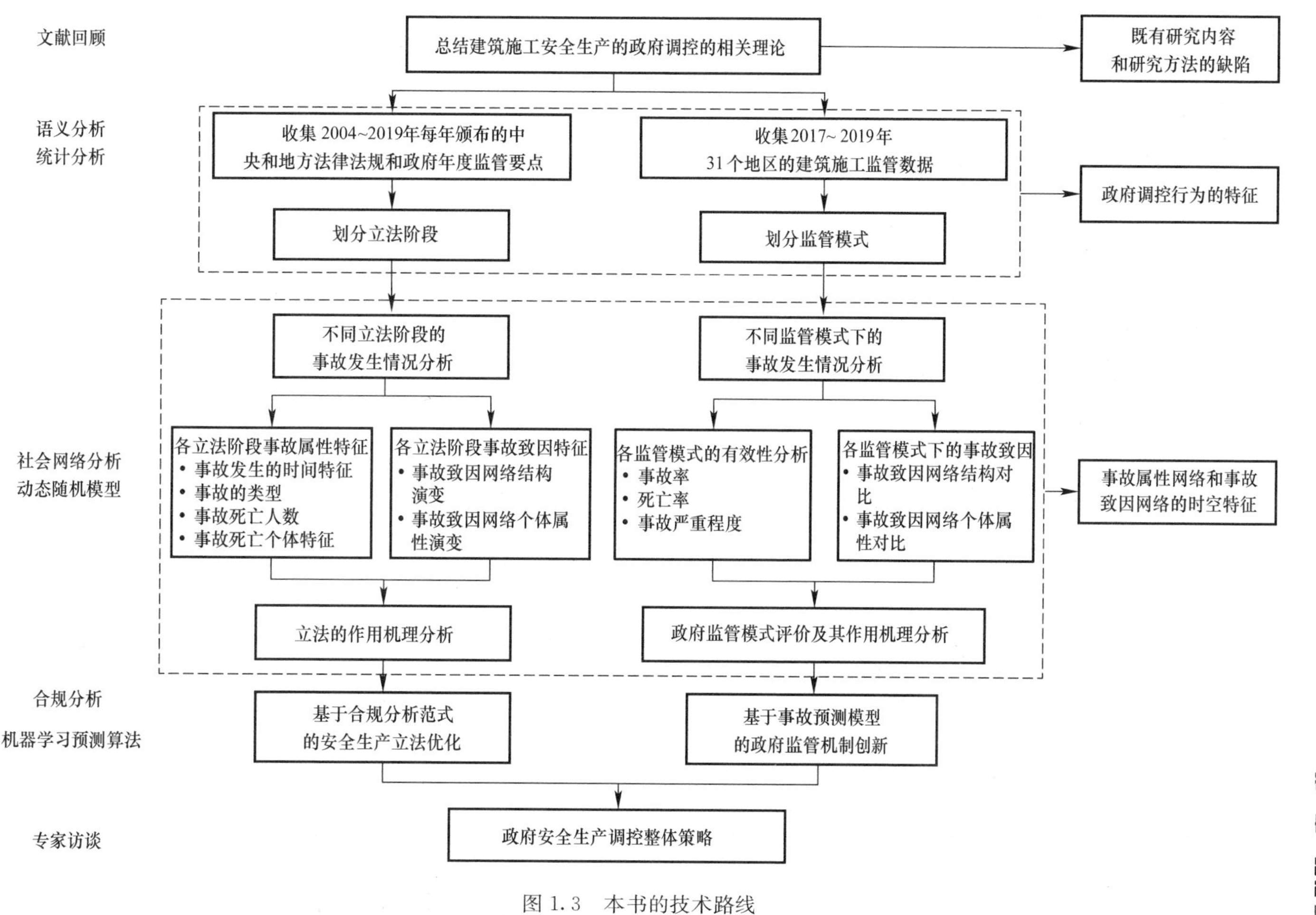
文献回顾
语义分析
统计分析
社会网络分析
动态随机模型
合规分析
机器学习预测算法
专家访谈
总结建筑施工安全生产的政府调控的相关理论
既有研究内容和研究方法的缺陷
收集2004~2019年每年颁布的中央和地方法律法规和政府年度监管要点
收集2017~2019年31个地区的建筑施工监管数据
政府调控行为的特征
划分立法阶段
划分监管模式
不同立法阶段的事故发生情况分析
不同监管模式下的事故发生情况分析
各立法阶段事故属性特征
• 事故发生的时间特征
• 事故的类型
• 事故死亡人数
• 事故死亡个体特征
各立法阶段事故致因特征
• 事故致因网络结构演变
• 事故致因网络个体属性演变
各监管模式的有效性分析
• 事故率
• 死亡率
• 事故严重程度
各监管模式下的事故致因
• 事故致因网络结构对比
• 事故致因网络个体属性对比
事故属性网络和事故致因网络的时空特征
立法的作用机理分析
政府监管模式评价及其作用机理分析
基于合规分析范式的安全生产立法优化
基于事故预测模型的政府监管机制创新
政府安全生产调控整体策略

图1.3 本书的技术路线

（2）内容分析方法

内容分析法有助于研究人员量化文本内容的分布和频率。本书的最终目标是识别建筑施工生产安全事故的属性和事故致因，因此，本书选择内容分析法开展研究。由于在不同的事故记录中对同一个事故致因的描述不同，所以本书并没有选择计算机编程或机器学习来提取事故致因，而是采用人工内容分析。本书的内容分析过程分为两个阶段，包括了抽样、一致性检验和属性、事故致因提取三个步骤。第一阶段是从收集到的事故记录中随机抽样选取100份事故记录，用以对内容分析人员进行“培训”，使内容分析人员对事故属性和致因有一个清楚认知，并评估事故属性和事故致因识别的内部一致性和外部一致性。在事故属性和事故致因能够被准确识别，且一致性达到了95%的情况下，本书开始第二阶段的分析，即内容分析人员对所有的事故记录进行分析。最终形成事故属性和事故致因数据集。

（3）社会网络分析方法

社会网络分析（Social Network Analysis，SNA）是一种研究一组行动者及其之间关系的社会学研究方法，图或网络被定义为一组节点和一组边（刘军，2007）。节点表示变量，边表示变量之间的关联关系。该方法是一种非常有效的方法，可以识别网络中的关键角色，更好地理解一组变量之间的相互作用。事实上，网络图可以捕获和表示许多真实和抽象的复杂系统的结构。例如，网络图已经被用来描述和分析大脑组织、电网、万维网或人群疾病传播之间的相互作用。在工程管理领域，社会网络分析方法已经被用于建模项目中的风险和人员交互，工人之间的安全沟通，建筑工地的坠落危害等（Pryke，2012）。该方法将个体和个体之间的关系用网络图的形式表示，之后通过计算网络指标来分析网络整体结构和个体特征。个体分析指标包括：入度中心度、出度中心度、中间中心度等；整体分析指标包括：密度、平均最短路径、聚类系数等。本书构建了两类网络，一类是将事故致因作为网络节点，将事故致因之间的关联作为网络的边，构建了事故致因关联网络，并通过分析网络的整体指标和个体指标来分析事故致因之间的关联情况，并识别关键的事故致因，为法规和监管措施的制定提供方向。另一类是将事故属性作为网络节点，将属性同时出现在同一个事故中作为属性之间的关联关系，通过分析属性网络的指标来分析立法对事故属性的影响。

（4）机器学习算法

事故预测可以根据因素之间的相关性和已有数据的特点预测事故的情况，为事故的预防决策作出理论和技术支撑。机器学习算法由于具有非线性处理能力和自动学习能力对于事故预测具有很高的准确性。因此，本书选择机器学习算法来构建事故预测模型，对事故率和死亡率进行预测，根据预测的准确性来为监管指标的选取和监管机制的建立提供依据。

（5）专家访谈法

访谈法是通过有计划、有目的地同被访谈者谈话，详细了解受访者的看法和意见的方法。其优点是：真实性、深入性、灵活性。本书分别从建筑施工安全管理领域和建设工程法律领域选择了有关专家和学者进行访谈，访谈的内容包括两部分：建筑施工安全生产法律法规的效力及权重分配、有关研究成果的实践指导意义。

1.5 主要创新点

（1）完善建筑施工安全生产政府调控理论。在中国整体的体制之下，各地区对建筑施工的安全监管有一定自主权，这也就导致了各地区的监管模式之间存在差异，也为评价各种政府监管模式的有效性提供了条件。本书以各地区的监管行为为分析对象，基于客观的监管行为数据，将中国各地区的安全生产监管模式划分为了严控准入、政策调节、隐患排查、以罚促管和安全考评五种基本的监管模式。这五种基本的安全生产监管模式基本代表了现在我国建筑施工安全生产政府监管的方式。它们还可以任意组合，产生更多的政府监管模式。这是第一次使用客观的监管行为数据对建筑施工的安全监管模式进行分解。

（2）构建了结果导向的建筑施工安全生产政府调控有效性评价框架。通过对建筑施工安全生产政府调控现状的分析，本书构建了从立法规制和政府监管角度评价政府调控效果的方法。政府调控的最直接体现便是事故，该方法中政府调控效果评价以事故率、死亡率、事故属性、事故严重程度和事故致因为标准，通过分析立法和监管对事故的影响来对政府调控措施作出评价。该分析方法有望成为分析安全生产政府调控有效性的基本方法，并将取代收益一成本分析的长期限制。本书提出的方法本身是本书的主要贡献。这种基于事故特征的分析是衡量调控效果的最直接的也是最主要的方法，可以应用于所有安全生产政府调控制度的分析。并可以与安全生产政府调控措施的制定集成，用于检验政府调控措施的有效性，为政府调控措施的选择和完善提供依据。

（3）对政府调控的有效性进行定量化评价。本书的主要贡献在于它给各行业的安全生产监管模式分类和监管有效性分析带来了新的方法，使政府监管者根据客观的、定量化的宏观数据，而不是有限的个人经验或专家意见，来评价调控措施。本书提出了立法指数的概念，用以衡量建筑施工安全生产法律法规的制定情况。据本书所知，这是首次将立法力度进行量化。定量地描述立法力度是进一步分析立法对事故的影响的基础，也为分析立法与事故发生情况的相关性提供了可能性。

第2章 理论基础及研究方法

2.1 事故属性

2.1.1 事故属性概述

事故的属性是指事故发生的特征。根据《欧洲工作事故统计》（European Statistics on Accidents at Work）生产安全事故属性的分析一般包括4个方面：事故发生的时间、事故类型、事故的死亡人数和死者的个体特征，现有的关于事故属性的研究也主要从这四个方面开展。

事故发生时间：事故的发生时间包括季节、月份、星期和时刻等。Hinze和Gambatese（2003）以及Amiri等（2016）在研究中对季节和月份进行了详细的分析，他们的研究结果指出，建筑施工生产安全事故多发生夏季，夏季相对应的月份的事故数量也是一年中事故数量较多的月份。也有一些学者对事故发生的星期和时刻等更小的时间单位进行了分析，Arquillos等（2012）和Campolieti和Hyatt（2006）的研究表明周一的事故率较高，并将之称为“周一效应”（Monday Effect）。Amiri等（2014）的研究结果却显示伊朗的事故多发生在周五。事故时间研究的最小单元是事故发生的时刻，很多研究均指出10：00～11：00和15：00～16：00这两个时间段事故数量是最多的（Shao等，2019）。随着政府安全监管力度的增强，以季节和月份为分析对象的研究结果对日常安全监管实践的指导性有限。为了提高立法的有效性，本书选择了更小的时间单位星期和时刻进行了进一步的分析，以便更好地指导安全生产政府调控实践。

事故类型：国际上通用的事故类型划分主要有两种，分别是《国际疾病分类》（ICD-11）和《欧洲工作事故统计》（ESAW）。ICD-11是用于报告疾病和健康状况的国际标准。ESAW是目前国际上应用范围最广的事故分类标准。ESAW将生产安全事故分为接触电压、有害物质、溺亡、掩埋和物体打击等9个类别。我国的国家标准《企业职工伤亡事故分类》GB 6441—1986，也对职业伤害事故进行了分类，其中与建筑业有关的包括物体打击、车辆伤害、机械伤害、起重伤害、触电、高处坠落、坍塌等。为了分析中国的建筑施工致命事故的类型特征，在本书中采用了《企业职工伤亡事故分类》GB 6441—1986 的事故分类方法。

事故死亡人数：死亡人数是衡量事故严重程度的重要指标，死亡人数越多则该事故越严重。《生产安全事故报告和调查处理条例》（国务院第 493 号令）中按照事故的死亡人数将事故划分为四类特别重大事故（死亡人数≥30），重大事故（10≤死亡人数<30），较大事故（3≤死亡人数<10），一般事故（死亡人数<3）。Shao 等（2019）的研究中指出中国的建筑施工生产安全事故以一般事故为主。

受害者个体特征：根据 ESAW 的分类标准，受害者的个体特征分析主要包括年龄、性别、职业和工作年限四类。Choi 等（2020）分析了 2011～2016 年韩国的 2846 起建筑施工事故后指出，事故中受害者的年龄在 55～59 岁的人数最多，超过 60%的事故发生在 50 岁或 50 岁以上的人身上。他们的研究还发现，约 70%的事故中的受害者的工作年限低于 1 年。

2.1.2 中国建筑业事故的属性特征

（1）事故发生的月份

项目管理以进度为主线展开，一般情况下随着进度的推进才会产生安全事故，也就是说施工期间的项目越多则发生事故的概率越大。分析中发现，2009～2014 年期间，一年中随着时间的推移，事故数量和死亡人数是呈现明显的上升趋势，如图 2.1 所示。每年的 1 月、2 月、11 月和 12 月是冬季，受温度影响，此时北方的很多项目处于停工期，然而 11 月和 12 月份的事故数量却是每年中最多的。而 2015～2018 年符合了上述规律，随着时间的推移，事故数量整体呈现 2 月份下降，之后先上升后下降的趋势，如图 2.2 所示。2 月份通常是中国的春节前后，施工现场作业人员的放假时间一般在 10 天左右。工地基本上都处于停工状态，此时的事故数量会降低。而春节过后，项目开始复工，安全事故的数量逐

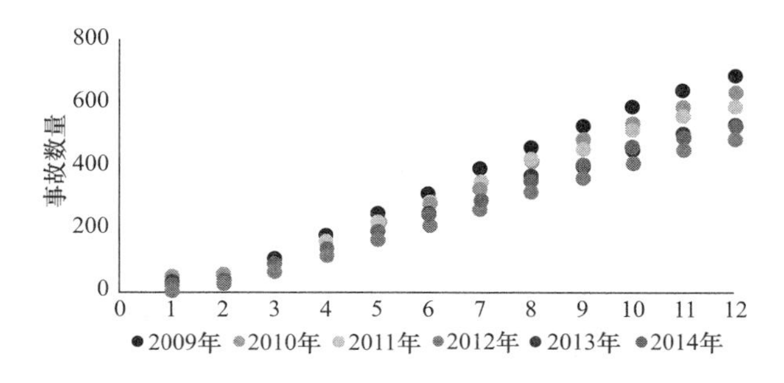

图 2.1 2009～2014 年每月发生的事故数量

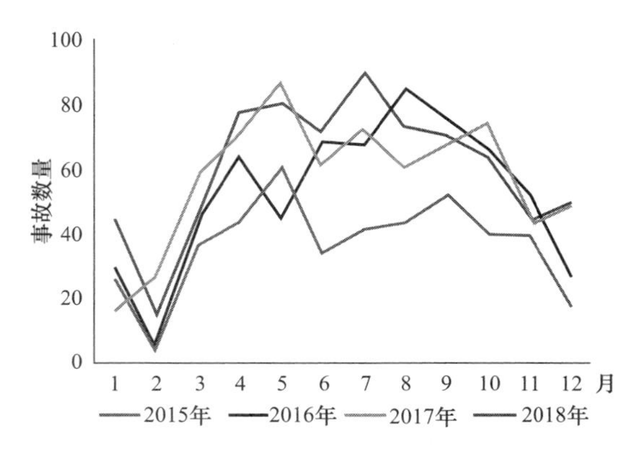

图 2.2 2015～2018 年每月发生的事故数量

渐增多。5～9 月份气温比较高，研究表明，气温高会导致工人更容易发生事故，此时的事故数量达到了一年的高峰期。进入 11 月和 12 月份，随着空气逐渐变冷，在施工的项目数量逐渐减少，安全事故的数量也相应地减少。

（2）事故类型

图 2.3 是各伤害类型所占的比例。2009～2018 年高处坠落一直是伤害类型中比例最大的，在中国每年高处坠落占事故总数的平均比例为 51.64%，每年因为高处坠落而死亡工人平均约 290 人。高处坠落多年来一直是多个国家（工人）导致死亡的最主要原因。美国 2014 年建筑业的高处坠落事故占比 54%，英国 2013 年高处坠落事故比例是 59%。此外，高处坠落事故也是造成损失最大的事故类型。预防高处坠落事故是建筑业普遍的努力方向。中国建筑业事故中物体打击占比 13.79%，同美国 2014 年的数据（10%）相差较小，且都是仅次于高处坠落事故排名第二的事故类型。

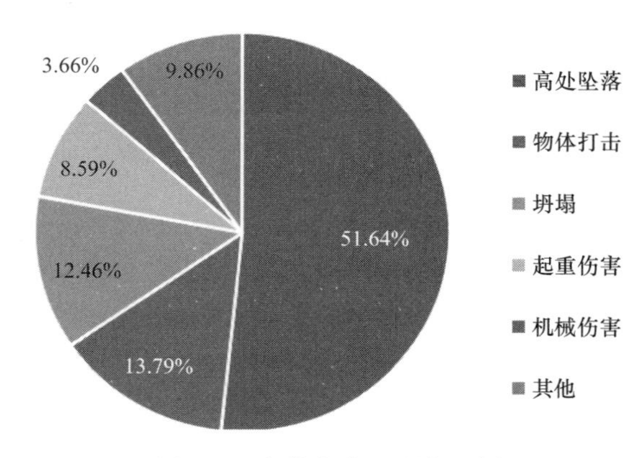

图 2.3 各伤害类型所占比例

（3）事故发生部位

按照事故发生部位分类，高处坠落事故可分为临边作业事故、脚手架操作平台事故、高空机械事故、模板作业事故以及拆除作业事故。物体打击事故的类型主要有：高空物体掉落伤人事故、起重吊装伤人事故、拆装过程伤人事故。坍塌事故的主要类型有：建筑物及构筑物坍塌、脚手架坍塌、拆除工程坍塌。表 2.1 是对发生事故的部位的分析。结果显示，孔洞和临边（22%）、脚手架（12.36%）、塔式起重机（11.66%）是施工中最常见的发生事故的部位，是建筑施工的重大危险源，也是安全管理人员和作业人员应该重点关注的。

发生事故的部位　　**表 2.1**

事故发生部位	比例
洞口和临边	22.00%
脚手架	12.36%
塔式起重机	11.66%
基坑	7.74%
模板	6.87%
井字架与龙门架	3.12%
施工机具	2.60%
墙板结构	1.15%
其他	32.50%

（4）事故死者的性别

有研究者指出，性别会影响建筑业事故的模式。因此，我们对 391 份事故调查报告中死亡者的性别比例进行了分析，391 份事故调查报告中女性死者的人数为 34，男性死者的人数为 740，男女比例如图 2.4 中的（b）所示。根据住房和城乡建设部 2019 年公布的数据显示，在中国建筑业的施工现场的作业人员总数达到了 400 多万，其中男女比例如图 2.4 中的（a）所示。统计结果显示，施工现场的作业者中，女性占比为 17%，然而死亡者中女性的占比为 4%。说明在建筑业事故中女性死亡比率低于男性。进一步分析原因，我们发现其中一个原因是女性工人在施工现场一般从事辅助性的工作，比如起重信号工、钢筋工等。这些工作很少涉及特种作业，危险程度相对较低。而男性工人是建筑工人队伍的主体力量，主要从事劳动强度大或危险性较大的特种作业。因此，女性工人的死亡率相对男性工人较低。

（5）事故死者的年龄

391 份事故报告中，死亡员工的总数为 774 人，年龄最小的为 15 岁，最大的为 71 岁，各年龄段的人数比例如图 2.5 所示。图 2.5 的结果显示，死亡的工人中年龄在 40～49 岁的人数最多达到了 31.65%，其次是 50～59 岁的工人，比例为29.46%，人数比例也将近30%。

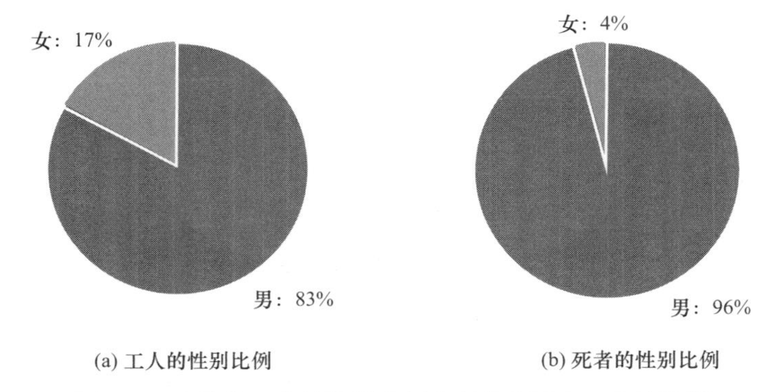

图2.4 建筑业工人的性别比例和事故中死亡工人的性别

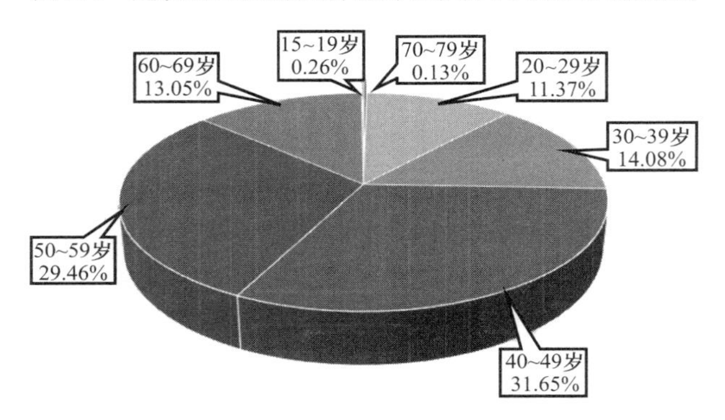

图2.5 死亡工人的年龄结构

年龄在60～69岁的死亡者的比例为13.05%。结果说明，死亡工人的年龄结构偏大。很多研究和政府公布的数据均显示受就业范围的扩大和传统观念等多种因素的影响，中国建筑业工人出现明显的老龄化趋势。同时，由于无论是劳动法还是建筑法都没有对建筑业工人的年龄上限进行明确的规定，加上中国建筑业长期合同管理的缺陷（合同签订率约为40%），使得建筑业为很多60岁以上的工人提供了就业机会。但是，随着人的年龄的增大，风险感知能力和风险应对能力会降低，导致了60～69岁的建筑工人发生事故的概率较大。

2.2 事故致因

2.2.1 事故致因概述

事故致因是指导致事故发生的因素。分析事故致因是了解事故发生机制，制定事故抑制措施的基础。从人们重视研究事故之初，专家和学者就一直致力于事故致因的分析。Heinrich（1941）通过分析发生在美国的75000起事故的调查报告，提出人的不安全行为和工作区域的不良环境是导致工程事故的主要原因。Sawacha等（1999）在对英国的施工工地安全现状进行调查后认为，建筑工地上事故的发生可以归结为工人缺乏相关的知识和培训、工地安全监督不到位等四个方面。Suraji等（2001）对英国安全与健康执行局提供的500份工程事故记录进行了分析，总结出导致事故的四类原因：不合理的施工计划，不到位的施工质量控制，不合规的施工操作和不安全的条件。Hamid等（2008）分析了2000年至2004年马来西亚的建筑业事故案例，将导致建筑业事故的原因分为施工现场条件、不安全的设备、不安全的方法、人的元素和管理因素五类。

事故致因理论是指从事故发生的本质着手，分析导致事故发生的因素间的因果关系，是一种关于事故发生和发展过程的理论。Hollnagel（2004）将当前的事故致因理论分为三类。第一类是“事故因果连锁理论”（Sequential Accident Model），这类模型的理论基础是，事故的发生不是一个孤立的事件，是由一系列原因性事件相继发生导致的，这类模型可以帮助企业追溯事故的根本原因（Hollnagel，1998；Bird，1974；Haddon，1973）。第二类以“流行病学事故模型”（Epidemiological Accident Model）为代表，该理论认为与流行病的传播类似，事故的发生是由人、媒介及环境的相互作用导致的（Gordon，1949；Reason，1997）。该理论突破了单一事故链的假设，将事故的发生看作是多因果关系的交叉影响的后果。随着人们对事故认知水平的提高，事故因果模型也在不断地发展，从简单的线性模型到复杂的线性，都存在一定的缺陷：无法正确模拟出事故的发生和发展过程。为了克服这些缺陷，出现了第三类事故致因模型——“系统事故模型”。该模型认为，事故致因之间存在许多串联和并联的因果关系链，有许多中断了和没有中断的级联触发过程（Rasmussen，1997；Leveson，2004）。事故的发生更多地表现为一种非线性现象。有限的几颗骨牌，只能反映部分事故致因之间的关联关系，无法反应事故发生的全貌。在这类模型中，事故的发生和发展过程被描述为一个复杂而相互关联的事件网络，而不是简单的因果链。这三类事故致因模型的发展，体现了研究者对事故发生机理的认知程度的提高。

2.2.2 中国建筑业事故的事故致因

（1）导致事故发生的各类原因及其占比

在相关部门所提供的每一篇事故调查报告中都有专家组通过现场勘察分析得到的事故发生的原因，并对原因进行了说明。我们发现导致事故发生的直接原因主要有：设备故障或缺陷，设计缺陷，施工工艺不合理，作业人员的不规范操作，不良的施工条件和环境因素。图 2.6 描述了导致事故发生的各类直接原因的比例。

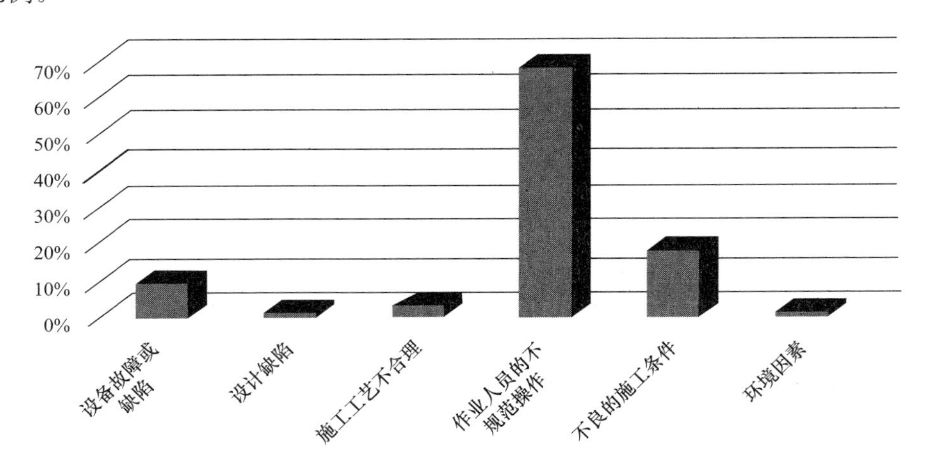

图 2.6　导致事故发生的各类直接原因的比例

（2）工人的不规范操作

尽管事故是由人和技术错误共同造成的，但是统计结果显示，67％的事故是由于工人的不规范操作而导致的。很多研究者也在研究中指出人的不规范行为是导致事故发生的主要原因之一。

Reason（1990）将人的不规范操作分为三类：操作技能的错误，执行了错误的施工方案，以及错误理解了实际情况而发生错误。研究发现中国建筑安全事故中工人的不规范操作的主要表现形式是错误理解了实际情况而发生的错误。比如：例 1，由于某坑内临时边坡挖土作业未按照专项施工方案要求进行分级放坡，实际放坡坡度未达到技术标准要求，并且放坡未达底部，导致发生坍塌事故，造成 3 名作业人员死亡（图 2.7）。

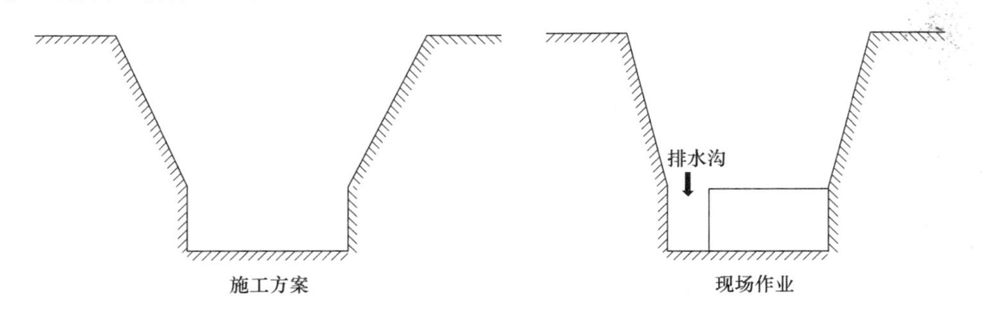

图 2.7　施工方案的要求和实际施工图示

例 2，某国际机场交通中心停机坪及滑行道项目施工中，项目 2 号横梁钢筋绑扎作业期间，在施工现场腰筋和箍筋尚未绑扎完成的情况下，劳务人员提前拆除临时支撑措施，造成横梁钢筋骨架整体稳定性不足，加之钢筋骨架作业人员施工扰动，引发横梁钢筋骨架纵向失稳坍塌。造成 4 名作业人员死亡，13 人受伤，直接经济损失 800 余万元（图 2.8）。

图 2.8　坍塌事故现场

其他常见的不规范操作有："从业人员在未采取防护措施的情况下进入存在缺氧状况的有限空间，导致事故发生。其他人员在现场状况不明，未采取防护措施的情况下施救，导致事故扩大。""高大支模架的搭设结构设计和钢管、扣件质量不符合相关标准和规定，导致模板支架体系承载力严重不足，在混凝土浇筑荷载作用下模板支架整体失稳破坏，造成坍塌。""脚手架的搭设违反技术规范，斜撑、抛撑、顶撑等构件不全，当荷载超过脚手架承受的最大荷载后，引起立杆失稳，引发坍塌事故"等。

（3）不良的施工条件

研究指出，不良的施工条件是指工作场所或工作地点的物理布局、工具、设备和/或材料的状态违反当代安全标准的状态。不良的工作条件包括：不平整的地板、有缺陷的梯子、构造不当的棚架、伸出的钉子和铁丝等。尽管近年来政府部门多次对事故现场的施工条件进行管控，并且对施工措施费的提取和使用进行了明确规定，为施工现场的施工条件的改善提供了资金支持，施工条件也得到了很大改善，但是由于不良的施工条件而导致事故发生的现象还是经常出现，比例约 19%，仅次于"工人的不规范操作"。在英国，不安全条件导致的建筑业事故比例为 6%。说明我国施工现场的是作业条件有待于进一步改善。在我国，施工现场不良的施工条件主要表现为防护缺失或不足。在统计中发现一些施工单位临边不搭设防护栏杆，安全网搭设低于施工作业层面高度，作业面没有实行全封闭，有的电梯井口无护栏，电梯井内未隔层设置防护等现象。图 2.9 是某施工现场图，各层楼梯没有设置临时防护栏杆；电梯井门口没有设置防护栏杆，仅放置一些模板作遮挡。

图 2.9　某施工现场图

例 3，河南省某工地，作业人员易某在物料提升机与楼面之间未固定铺设的停层平台木板上来回行走作业，行走的震动导致木板移位脱落，致使易某坠落至（约 15m）物料提升机底部而死亡（图 2.10）。

图 2.10　事故现场图

（4）设备故障或缺陷

由于设备故障或缺陷引发的事故比例约为 9%。而在 Hamid et al.（2008）的研究中设备故障或缺陷占事故总数的比例为 9.7%。说明建筑业的设备质量有所提升，故障和缺陷率有所下降。目前，施工现场由于设备引发事故的通常是起重机缺陷，升降机故障，无保护接零、重复接地及漏电保护器的配电箱等。

例 4，广东省某工地，刘某驾驶的装载机左右两侧反光镜均已缺失，在装载机后侧形成盲区，无法及时观察到车辆周边情况的情况下，驾驶装载机倒车行进，不慎将工人娄某轧伤致死。图 2.11 为事故原因分析。

图 2.11　装载机缺陷导致事故

例 5，河北省某工地，工人潘某在吊顶面作业时，不慎左手触碰到已经剥去绝缘胶皮且带电裸露的黑色一条主照明电缆线的金属铜线芯，造成其触电死亡(图 2.12)。

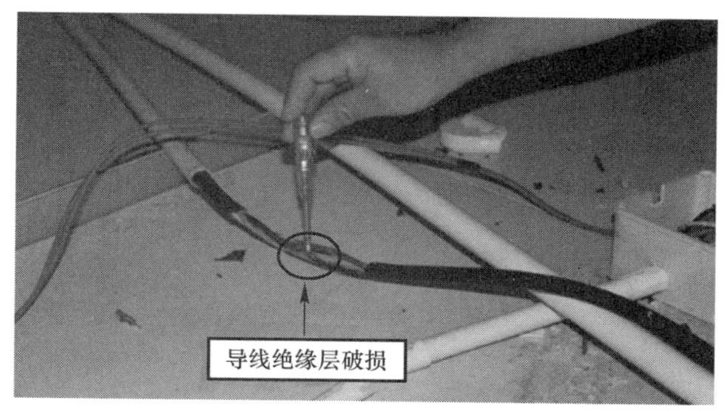

图 2.12　事故现场破损的电缆线

在导致事故发生的原因中设计缺陷，施工工艺不合理，和环境因素出现的概率比较少，尤其是设计缺陷和施工工艺不合理，相关部门目前已经颁布上 2000 多个标准来对工程设计、施工工艺过程等进行规范，目前中国的工程设计技术和施工工艺技术已经比较成熟，导致事故发生的往往是那些工程规模较小的项目。环境因素通常表现为强降雨和大风天气，但是由于天气预报的准确性的提高，由于环境因素导致事故发生的现象比较少。

2.3　网络分析方法

2.3.1　社会网络分析方法

上述关于事故致因理论的回顾发现，事故致因之间相互关联，构成了复杂的关联系统。基于网络拓扑结构的事故致因传播模型通过构建系统的网络拓扑结构来描述系统内事故致因传播的关系，并已经广泛应用在事故分析中。故障树（Fault Tree）是其中最早的研究方法，该方法通过建立有向图模型来描述事故致因的传播顺序，能够反映事故与事故致因之间的逻辑关系。除故障树外，还有主逻辑图、决策树、贝叶斯网络、系统动力学网络等（Papazoglou 和 Aneziris，2003；Zarei 等，2017）。这些分析方法均是将事故致因之间的复杂关系用单向的事故因果链的形式展示。

随着技术的迅速发展，社会技术系统正变得越来越复杂和高隐患。事故致因及其关系往往是复杂的，包含许多串联或并联的因果关系。并且具有不确定性、随机性、抽象性、模糊性等特点（Liao 等，2020；Hu 等，2016）。上述基于单向事故因果链的分析方法只能反映事故不同层次事故致因间的连锁关系，不能反映事故发生全过程。这就促使研究者采用更加合理的事故因果模型，以模拟事故发生和发展过程的复杂性、不确定性、随机性等，从而更加真实地反应事故的特征。复杂网络模型的应用为更加准确地模拟事故致因之间的相关关系提供了可能性。该模型将导致事故发生的事故致因看作是一个复杂的系统，基于事故致因之间的因果关系构建网络拓扑结构，进而揭示事故的因果关系网络。

社会网络分析方法是复杂网络分析方法的一种，是一种分析系统中个体以及个体之间关联的方法。该方法既可以分析闭环，还可以分析非闭环的因果链，为生产安全事故的研究提供了新的思路和方法。建筑施工生产安全事故的发生通常是由多个事故致因相互作用的结果，导致事故的事故致因之间构成了有向非闭环的事故致因关联网络，需要同时考虑单向的因果关联与具有反馈机制的双向关联。因此，本书在综合分析上述模型的优劣的基础上，结合实际情况和研究目的，选择运用社会网络分析方法来分析事故致因之间的关联关系。

2.3.2 动态网络分析方法

社会网络分析方法分为静态网络分析方法和动态网络分析方法，静态网络分析方法主要是指分析特定时间截面的整体网络，包括网络的规模、密度、最短路径、聚类系数、个体的中心性等。各指标的计算方式在很多研究中有详细介绍，在此不再赘述。动态网络分析方法则是基于历时数据，分析网络的结构和网络个体随时间的变化情况。

变化才是网络的本质，随着时间的推移，构成网络的个体会与其他个体建立、消除或者保持连接。在本书中，造成事故的事故致因会随着立法的变迁而与其他的事故致因之间的关系发生变化，原本没有关联关系的事故致因之间建立了新的连接，或者一些原本有关联的事故致因之间的关联关系被切断。这种变化可能源于网络结构或内生机制，如互惠、及物性或结构性变化。同时，网络中个体的属性也可能是造成网络结构变化的因素之一。动态网络分析（Dyanmic Network Analysis）主要是分析事故致因网络随时间的变动情况，以及变动中网络结构和个体行为之间的互动关系。个体行为有多种表现形式，在本书中，我们将事故致因发生概率变化来表示个体行为。分析的目的是找到网络结构和事故致因发生概率之间的互动关系。

由于本书收集的数据是历时数据，立法指数分析收集的是 2004～2019 年每年的立法数据，事故记录收集的是 2004～2019 年在我国发生的建筑施工生产安全事故记录，并且，立法具有时间差异性，即不同时间的立法要点之间存在差异。因此，本书选择从时间演变角度分析随着立法的变迁建筑施工生产安全事故的演变。目的是通过对实际数据的分析和挖掘，分析事故致因网络的形成和动态演变规律，揭示网络拓扑结构变化与事故致因发生概率之间协同关系变化的模式，探讨事故致因发生概率和事故致因网络在立法变迁过程中的行为模式，并提取管理规则。

动态网络分析方法分析网络各种指标随时间的变化趋势。比较典型的模型是 Snijders 等人（2007）提出的结构—行为共变模型（Network-Behavior Co-evolution Model)。该模型是在 Snijders（2001，2005）早期提出的个体导向模型（Actor-Oriented Model）的基础上不断优化得到的。个体导向模型强调的是个体的选择，分析个体行为变化对网络结构的影响，而结构—行为共变模型在个体选择的基础上进一步分析了网络结构变动对个体的作用，将网络结构和个体行为视为一个共变过程，关注的是网络结构和个体行为之间的互动。

结构—行为共变模型基于四个基本假设：

（1）网络结构和个体行为的变化是连续的，在两个随机的时刻，两个连续观测值之间的差异被认为是两个观测时刻之间发生的连续变化的结果。

（2）网络中的个体相互独立，在任何给定时刻 t，最多只有一个个体的行为发生变化。

（3）网络结构变化和个体行为变化相互关联，但是在任何给定的时刻，网络结构和个体行为最多只有一个发生变化。

（4）网络结构的改变依循马尔可夫过程。未来状态的机会分布必须由现在的状态进行估计，而不能由过去的状态预测。

结构—行为共变模型包括网络结构变动函数和个体行为变动函数，网络结构变动函数和个体行为变动函数又分别包括变化机会函数和变化目标函数两部分，个体行为在本书中是指事故致因地发生概率的变化。模型的组成如表 2.2 所示。

结构—行为共变模型的模型结构　　表 2.2

项目	机会函数	目标函数
网络结构变化	网络结构变化机会函数	网络结构变化目标函数
个体行为变化	事故致因发生概率变化机会函数	事故致因发生概率变化目标函数

机会函数：机会函数是指每一单位时间间隔内改变变动的机会，用以预测网络结构和事故致因发生概率改变的可能性，以及网络结构与事故致因发生概率相互影响的效果。其中网络结构的改变是连接的新增或移除，事故发生概率的改变则是事故发生概率的增加或降低，在本书中网络结构改变是指事故致因之间关联关系的建立或断开，事故致因发生概率变化是指事故致因的发生概率的增大或减小。机会函数假设变化发生的概率依循泊松分布，通常是根据上一个时间段内的变动次数，来估计未来发生变动的次数。

目标函数：目标函数是指当网络结构或者事故致因发生概率有改变的机会时，在各种效果的影响下，实际发生的变动，用以预测在网络结构和事故致因变化目标的作用下个体发生变动的情况。在事故致因关联网络的研究中，生产安全事故致因关联网络的变动体现在：1）既有的生产安全事故致因被消除，或新的生产安全事故致因出现；2）原本不存在共现关联的事故致因发生共现，建立新关联，或既有存在共现关联的事故致因对不再发生共现，之间的关联断开。而这些事故致因关联网络的变动与事故致因的出度中心度、入度中心度、中间中心度和互惠关联结构等有关。

目标函数的计算中主要考虑两类参数效果：网络内部力量造成的内生效果和外生性共同变数所造成的外生效果。

（1）网络内生效果

1）出度效果：是指事故致因与其他事故致因建立新的出度关联的倾向，参数值越高则事故致因越容易触发其他事故致因，如图 2.13 所示。

图 2.13　出度效果图

2）入度效果：是指事故致因与其他事故致因建立新的入度关联的倾向，参数值越高则事故致因越容易被其他事故致因影响，如图 2.14 所示。

图 2.14　入度效果图

3）互惠效果：互惠关系是指两个事故致因之间相互影响，互惠效果是指事故致因建立互惠关系的倾向，如图 2.15 所示。

图 2.15 互惠效果图

4）三角移转效果：三角移转是指网络节点 A、B、C 中，B→A、A→C 均存在关联关系，则 B→C（或 C→B）也存在关联关系的情形，如图 2.16 所示。三角转移效果是指两个事故致因之间具有间接关联关系时，它们之间建立直接关联的倾向。

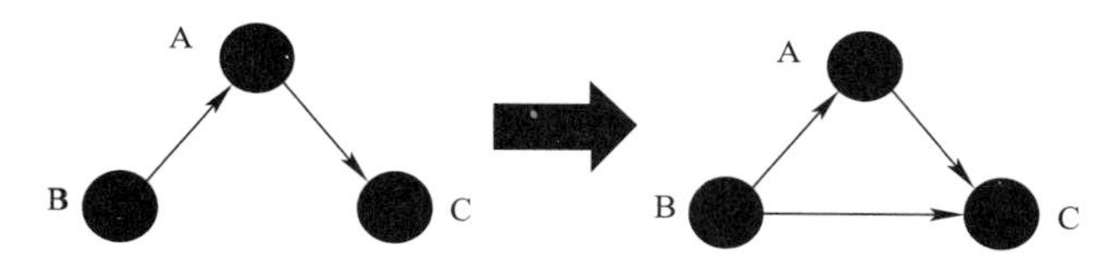

图 2.16 三角转移效果图

需要注意的是，三角转移效果与三角循环效果是有所区别的。三角循环效果是指当 B→A、A→C 之间存在关联关系时也存在 C→B 的关联关系的倾向，如图 2.17 所示。

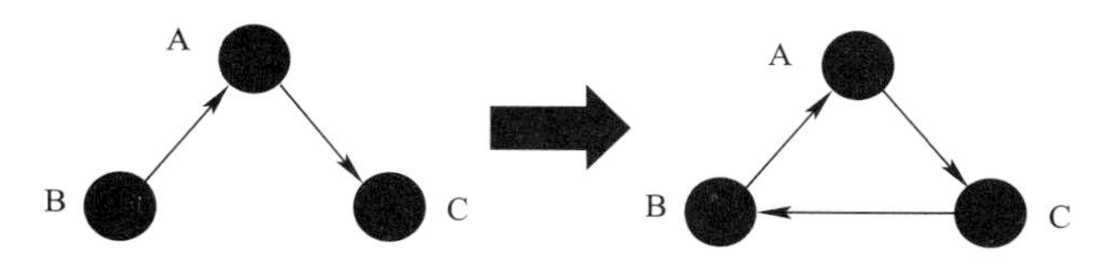

图 2.17 三角循环效果图

（2）网络外生效果

网络外生效果是指由于事故致因的属性和发生概率的共变数所带来的效果。共变数是指单个事故致因或两个事故致因之间对偶关系的变化。网络外生效果的主要参数是共变相似性，是指事故致因与其相关联的事故致因之间相似度的总和。在本书中，我们借鉴了丁嘉威（2016）的做法，对事故的发生概率进行了划分。本书中，假设事故发生概率大于 30%为高概率，小于 30%为低概率，并用高概率和低概率作为事故致因的属性。若参数值为正表示高概率的事故致因容易建立新的关联，反之，若参数值为负则表示低概率的事故致因之间容易建立新的关联（图 2.18）。

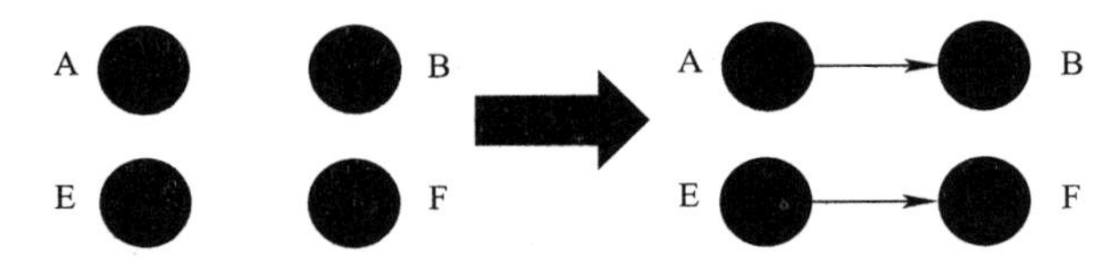

图 2.18　共变相似性效果图

第 3 章　中国建筑施工安全生产立法指数及立法变迁

法律法规是指我国现行有效的法律、行政法规、部门规章、地方法规、地方规章及其他规范性文件。本书将中央和地方制定法律法规的过程称为“立法”。建筑施工生产安全事故的频繁发生迫使国家逐渐加强对建筑施工安全生产的调控力度。安全生产法律法规被认为是规范建筑企业和个人施工行为的准则，既是红线也是底线。通过贯彻落实安全生产法律法规，可以将建筑施工生产安全事故控制在有序状态。立法作为政府调控建筑施工安全生产的主要措施之一，逐渐得到各国安全生产监管部门的重视，专家和学者们也围绕着政府制定有效的安全生产法律法规展开系统、全面的研究和探讨。本章尝试对政府的立法工作进行定量化描述，基于此来分析立法与事故发生之间是否存在相关关系，为进一步分析立法的规制作用提供依据。并且，本章也试图对我国建筑施工安全生产的立法变迁过程进行分析，总结立法变迁的特征，为立法变迁的影响性分析提供基础。

3.1　建筑施工安全生产的立法指数

建筑施工安全生产立法的目的是通过对组织和个人行为的规范和制约，最终实现影响事故发生的目的。统计上相关是分析安全生产法律法规可以影响建筑施工生产安全事故发生的基本前提，也是进一步分析影响机理的基础。为了定量化地分析建筑施工安全生产立法与建筑施工生产安全事故发生之间的相关性。本书提出了立法指数的概念，用以量化建筑施工安全生产法律法规的制定情况。立法指数是指一定时期内限定领域的立法力度，其计算方法是根据法律法规的法律效力和适用范围赋予相应的权重，采用线性加权和法计算一定时期内颁发的限定领域的法律法规的加权和，并以该加权和作为一定时期内的立法指数。

建筑施工相关的安全生产法律法规具有多种类型，全国人大及其常委会、国务院和地方政府制定具有不同法律效力的法律法规。中华人民共和国人民代表大会负责制定法律，包括《安全生产法》和《建筑法》，这些法律在全国范围内适用，具有最高的法律效力。国务院制定行政法规，比如《建设工程安全生产管理条例》《安全生产许可证条例》等，国务院各部委制定部门规章，这些法规也在全国范围内适用，并具有较高的法律效力。在中央法规的基础上，各地方政府有权根据当地的实际情况制定适用于本地区的地方性法规、地方政府规章、地方规范性文件和地方工作文件。其中地方性法规和地方政府规章的法律效力要高于地方规范性文件和地方工作文件。考虑到不同类型的法律法规的效力不同，适用的范围也不同，单纯地用法律法规的数量并不能完全反映出立法的力度。本书提出的立法指数的概念弥补了这一缺陷。

在立法指数的计算过程中，各类型法律法规的权重分配采用专家访谈的方法来确定。首先，本书分别对两位从事工程法律实践工作和工程法律研究工作20多年的专家进行了访谈，分别邀请专家给出法律法规权重分配方案，并对两个方案的权重计算均值，之后又依据《立法法》进行了调整。最终得到各类型法律法规的权重分配，如表3.1所示。

法律法规的权重 **表3.1**

法律法规类型	数量	权重
法律	$x_{1,j}$	0.30
行政法规	$x_{2,j}$	0.20
部门规章	$x_{3,j}$	0.20
地方性法规	$x_{4,j}$	0.10
地方政府规章	$x_{5,j}$	0.10
地方规范性文件	$x_{6,j}$	0.05
地方工作文件	$x_{7,j}$	0.05
合计	—	1

本书统计了2004～2019年北大法宝数据库上每年发布的7类建筑施工安全生产法律法规的数量。并分别计算了每年建筑施工安全生产法律法规的立法指数，如公式3.1所示。在公式3.1中，L_j 是指 j 年的建筑施工安全生产立法指数，j=2004，2005，2006，……2019。$x_{1,j}$是指 j 年颁布的建筑施工安全生产相关法律的数量，$x_{2,j}$ 是指 j 年颁布的有关行政法规的数量，同样，$x_{4,j}$，$x_{5,j}$，$x_{6,j}$，$x_{7,j}$ 也是指 j 年颁布的相应的法律法规类型的数量（表3.1）。

$$L_j = 0.3x_{1,j} + 0.2x_{2,j} + 0.2x_{3,j} + 0.1x_{4,j} + 0.1x_{5,j} + 0.05x_{6,j} + 0.05x_{7,j} \tag{3.1}$$

同时，本书依据住房和城乡建设部公布的有关数据，统计了2004～2019年建筑施工生产安全事故的数量和死亡人数。参考 Moniruzzaman 和 Andersson（2008）的研究，建筑施工生产安全事故的数量与死亡人数与建筑施工的产值高度相关。为了排除产值对安全生产状况的影响，分别计算了各年度内的亿元产值事故率（W_1）和亿元产值死亡率（W_2），并将 W_1 和 W_2 作为变量同安全生产立法指数进行相关性分析。W_1 和 W_2 的计算公式见公式 3.2 和 3.3。

$$W_1 = 事故数量 / 建筑施工产值 \tag{3.2}$$

$$W_2 = 事故死亡人数 / 建筑施工产值 \tag{3.3}$$

根据公式 3.1～公式 3.3 计算得到 2004～2019 年建筑施工亿元产值事故率、亿元产值死亡率和安全生产立法指数，如表 3.2 所示。

2004～2019 年建筑施工生产安全事故和立法指数　　表 3.2

年份	事故数量	死亡人数	建筑工程产值（亿）	百亿产值事故率（%）	百亿产值死亡率（%）	立法指数
2004	1086	1264	3327.56	32.64	37.99	8.05
2005	1015	1193	4209.20	24.11	28.34	8.35
2006	888	1048	5123.52	17.33	20.45	14.80
2007	859	1012	6349.57	13.53	15.94	13.75
2008	772	921	7690.23	10.04	11.98	21.50
2009	684	802	9601.20	7.12	8.35	23.50
2010	627	772	12107.59	5.18	6.38	24.10
2011	589	738	14809.40	3.98	4.98	27.05
2012	487	624	17388.56	2.80	3.59	29.35
2013	528	674	20163.83	2.62	3.34	31.35
2014	522	648	22448.93	2.33	2.89	31.40
2015	442	554	22895.41	1.93	2.42	28.85
2016	634	735	24552.03	2.58	2.99	28.35
2017	692	807	27023.52	2.56	2.99	34.10
2018	734	840	29655.21	2.48	2.83	23.05
2019	773	904	31046.09	2.49	2.91	19.00

最后，本书分别计算了建筑施工安全生产立法指数与百亿产值事故率和百亿产值死亡率的皮尔逊相关性。结果显示，百亿产值事故率与建筑施工安全生产立法指数之间存在显著的线性相关关系（$r=-0.879$，$p<0.01$）。百亿产值死亡率与建筑施工安全生产立法指数之间也存在显著的线性相关关系（$r=-0.880$，$p<0.01$）。说明在 2004～2019 年这个分析期内，建筑施工的安全生产法律法规制定对建筑施工的事故率和死亡率具有显著的影响。当前时期的数据显示，两者呈负相关关系，即建筑施工安全生产立法指数越大，事故率和死亡率越小。建筑施工安全生产立法指数描述了政府在有关年度所颁布的安全生产法律法规的数量及这些立法的影响。它表明了特定年份政府在建筑施工安全生产方面的调控力

度。立法指数越大，政府对特定年份建筑施工安全生产的调控力度越大，每百亿产值对应的事故率和死亡率越低。当然，如果扩展分析期，那么不排除立法指数与事故发生之间可能会有其他的相关关系，因为根据发达国家的研究结果，立法力度持续增大则会对企业造成负担，立法的效用将降低。

3.2 中国建筑施工安全生产立法的变迁

3.2.1 立法阶段的划分原则

立法变迁关注于立法的中长期变化，用以描述政府的立法过程，研究的核心问题是立法如何发生变迁以及立法变迁对法律法规规制对象的影响。立法变迁与政策变迁的不同之处在于，政策变迁强调的是政策的替代过程，而本书中立法的变迁是政策变迁的一种表现形式，是指新的法律法规关注要点的变化（Arrow等，1996）。

建筑施工具有建设周期长，参与多方，露天作业、交叉作业和高处作业多等特点。建筑施工安全生产法律法规需要规制的对象涉及多个主体及其对应的权利义务关系。建立有效的建筑施工安全生产法律法规是政府的一项长期且艰巨的工作。建筑施工安全生产的立法历程反映了我国对建筑施工安全生产工作制度、法治化的历程。

立法的变迁是由立法主体、立法规制客体及其与立法环境相互作用而产生的。研究者们普遍认为，法律法规是相关利益主体相互博弈、相互妥协的结果，立法变迁则是多元利益主体相互博弈的过程（威廉，2011）。但是，建筑施工安全生产的立法同一般领域的立法工作不同，建筑施工安全生产法律法规是政府单方面对生产活动的强制性规制，不存在多元力量之间的博弈现象。因此，本章以立法主体——住房和城乡建设部的年度工作重点为基础，结合中央和地方立法规制的要点，将中国2004～2019年的建筑施工安全生产的立法历程划分为4个阶段。图3.1中列出了各阶段的划分依据及划分规则。

3.2.2 立法变迁过程

第Ⅰ阶段（2004～2009年）：健全建筑施工安全生产法律法规和技术标准体系的阶段。

2002年第九届全国人民代表大会常务委员会第28次会议通过了《安全生产法》，对安全生产工作进行制度化和规范化。这是我国第一部综合性地规范安全生产工作的法律，它的制定有力地推进了各专业领域的安全生产法制化进程。之

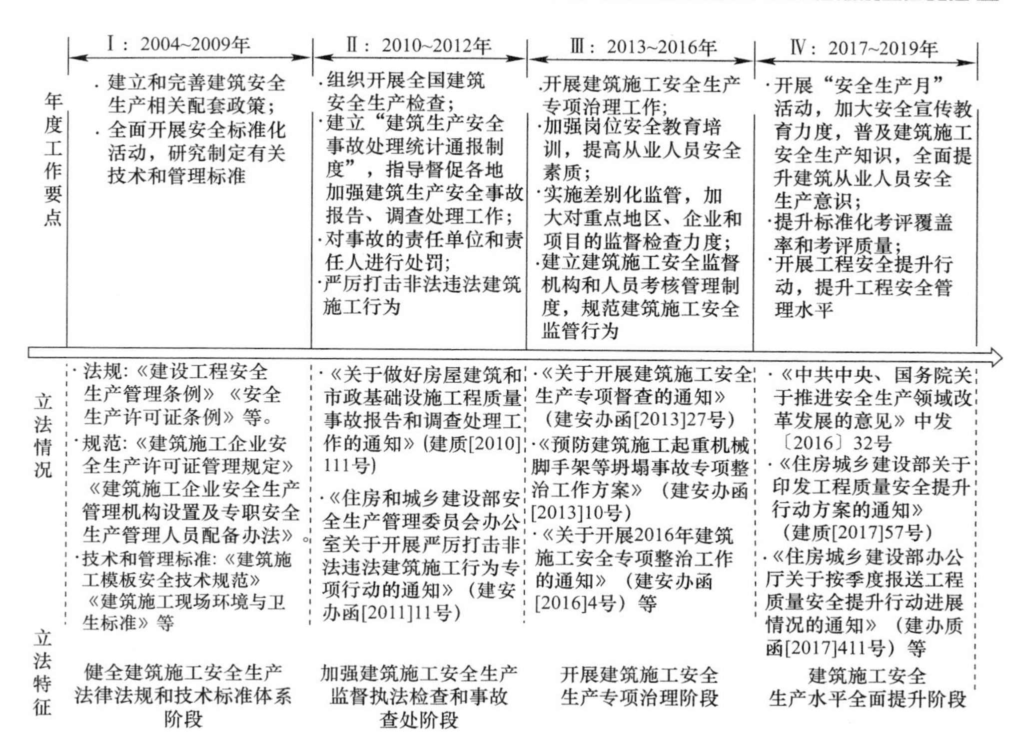

图 3.1　2004～2019 年中国建筑施工安全生产立法的变迁

后，国务院针对生产全过程颁布了多部法律法规和标准来指导和规范组织和个人的安全生产工作，比如《安全生产许可证条例》《国家生产安全事故灾难应急预案》《生产安全事故报告和调查处理条例》等有关法律法规依次发布，对安全生产工作的各个环节进行明确的规范。与此同时，2004 年国务院第 28 次常务会议通过的《建设工程安全生产管理条例》是我国第一部规范建筑施工安全生产的行政法规，是《建筑法》和《安全生产法》在建筑施工领域得到具体贯彻的体现。该条例总结了我国建筑施工安全管理的实践经验，借鉴了国外有关国家建筑施工安全生产管理的成熟做法，对建设活动政府监督管理、生产安全事故的应急救援和调查处理过程以及各方主体的安全责任作了明确规定。以该条例为标志，我国建设行政主管部门将建立和完善建筑施工安全生产相关配套法律法规作为其工作要点，全面开始构建建筑施工安全生产法律法规体系，在 2004～2009 年相继颁布了《建筑施工企业安全生产许可证管理条例》《建筑施工企业安全生产管理机构设置及专职安全生产管理人员配备办法》《建筑施工模板安全技术规程》《建筑施工现场环境与卫生标准》等，对建筑施工安全生产全过程中的组织和个人行为进行指导和约束。因此，我们将该阶段称为健全建筑施工安全生产法律法规和技术标准体系的阶段。

第Ⅱ阶段（2010～2012 年）：加强建筑施工安全生产监督执法检查和事故查处阶段。

第Ⅰ阶段建筑施工生产安全事故快速增长的势头得到了有效控制，立法规制作用明显，然而严厉的违法处罚措施导致企业“铤而走险”，瞒报谎报事故现象频繁发生。为了查处瞒报谎报事故情况的行为，2010～2012 年，住房和城乡建设部建筑施工监督管理司将加强安全督查和事故查处作为每年年度工作的要点，并在全国范围内开展“安全生产年活动”，要求各地建设行政主管部门针对建筑施工的特点，加强对危险性较大的分部分项工程、事故多发的环节、位置深入地开展安全检查工作。住房和城乡建设部还建立了“建筑生产安全事故处理统计通报制度”，对全国建筑施工生产安全事故报告、调查处理工作进行指导。各地建设行政主管部门按照“四不放过”原则，对事故的责任主体进行处罚。为了有效推动安全督查和事故查处工作的进行，住房和城乡建设部发布了多个部门规章，比如《住房和城乡建设部办公厅关于立即开展建筑施工安全生产大检查的通知》《住房和城乡建设部安全生产管理委员会办公室关于开展严厉打击非法违法建筑施工行为专项行动的通知》《住房和城乡建设部关于集中开展建筑施工领域“打非治违”专项行动的通知》等。

第Ⅲ阶段（2013～2016 年）：开展建筑施工安全生产专项治理阶段。

建筑施工安全生产法律法规体系的建设是一个不断完善的过程，在综合性法律法规的框架下，2013～2016 年开始局部的修正和补充。该阶段，安全生产专项治理工作贯穿始终，每年都作为住房和城乡建设部建筑市场监督管理司年度工作的重点。针对重点领域和事故易发作业，住房和城乡建设部逐年开展了有针对性的安全生产专项提升行动，颁布了多部安全生产专项治理的法律法规，如表 3.3 所示。

建筑施工安全生产专项治理的部门规章　　表 3.3

序号	发布时间	部门规章
1	2016.03.08 发布	住房和城乡建设部安全生产管理委员会关于开展 2016 年建筑施工安全专项整治工作的通知（建安办函〔2016〕4 号）
2	2015.04.02 发布	住房和城乡建设部安全生产管理委员会办公室关于开展危险性较大的分部分项工程落实施工方案专项行动的通知（建安办函〔2015〕9 号）
3	2015.03.24 发布	国务院安委会办公室关于开展建设工程落实施工方案专项行动的通知（安委办〔2015〕4 号）
4	2014.11.28 发布	国家安全监管总局办公厅关于深入开展建筑施工预防坍塌事故专项检查工作的通知（安监总厅管二函〔2014〕175 号）

续表

序号	发布时间	部门规章
5	2014.04.08 发布	住房和城乡建设部安全生产管理委员会办公室关于印发《预防建筑施工起重机械脚手架等坍塌事故专项整治“回头看”实施方案》的通知（建安办函〔2014〕7号）
6	2014.03.28 发布	国务院安委会办公室关于开展建筑施工预防坍塌事故专项整治“回头看”的通知（安委办〔2014〕8号）
7	2013.08.30 发布	中华人民共和国住房和城乡建设部安全生产管理委员会办公室关于开展建筑施工安全生产专项督查的通知（建安办函〔2013〕27号）
8	2013.06.07 发布	住房和城乡建设部安全生产管理委员会办公室关于印发《预防建筑施工起重机械脚手架等坍塌事故专项整治工作方案》的通知（建安办函〔2013〕10号）
9	2013.05.07 发布	国务院安委会关于深化工程建设领域预防施工起重机械脚手架等坍塌事故专项整治工作的通知（安委办〔2013〕5号）

第Ⅳ阶段（2017～2019年）：建筑施工安全生产水平全面提升阶段。

在建筑施工的各环节均有所提高的情况下，建设行政主管部门开始推进建筑施工安全生产的全面提升。《中共中央、国务院关于推进安全生产领域改革发展的意见》中提出了到2020年安全生产整体水平与全面建成小康社会目标相适应的目标，对提升我国安全生产整体水平提出要求。该意见的发布为今后一段时期的安全生产法律法规体系的建设工作指明方向。2017年建设行政主管部门颁布了《住房和城乡建设部关于引发工程质量安全提升行动方案的通知》等部门规章，并在建筑施工领域开展全面的安全标准化考评，加强安全生产的宣传和教育培训，全面提升建筑施工企业和人员的安全生产能力。

3.2.3 立法变迁的特征

概括而言，建筑施工安全生产法律法规的变迁具有如下几个特征：（1）在“以人为本，安全第一”的基本方针之下的渐进变化过程。立法的变迁分为局部变迁和整体变迁，局部变迁是指在坚持基本原则和目标的前提下，立法在一定范围内发生变化。整体变迁则是指目标和原则的根本性变化。我国建筑施工安全生产的立法工作表现为在《安全生产法》整体规制下的整体框架搭建→局部补充→整体提升的局部变迁过程。（2）政府主导的强制性变迁。建筑施工安全生产立法变迁的一个显著特点是自上而下主导的由政府行政命令和法律强制推行和实施的变迁。（3）由安全生产现实需求所引发的外生变迁。建筑施工安全生产立法是政府单方面意志的表达，目的是实现“人民至上、生命至上”的政治诉求。建筑施工安全生产立法的变迁主要受到立法实施外部环境的影响。

3.3 本章小结

立法作为政府公共事务管理、治理的工具，是政府意志和愿望的表达。建筑施工安全生产立法是为了解决和预防生产安全事故的发生而制定的，目的在于有意识地规制组织和个人的行为，保证建筑业的健康和有序发展。本章提出了立法指数的概念，分析了立法与事故发生之间的关系。结果显示，在现阶段，立法与事故率和死亡率之间均存在显著的负相关关系，因此，政府通过加强立法来预防事故发生是可行的。本章还梳理了中国建筑施工安全生产立法的变迁过程，根据政府工作要点和立法规制要点将中国建筑施工安全生产的立法历程划分为四个主要阶段，并分别阐述了各阶段的特征，总结了立法变迁的总体特征。本章的研究内容为建筑施工安全生产政府调控理论的深入研究提供支撑。

第4章　立法对建筑施工生产安全事故的规制作用分析

提高建筑施工安全生产法律法规的有效性，有助于保护有关主体的生命和财产安全，保障行业的健康运行。因此，制定有效的建筑安全生产法律法规已成为国家立法管理的关键要务。立法的效果是验证立法有效性的重要方面，是法律法规的评估和修正的基础。法律法规实施效果分析的缺失，阻碍了立法工作进一步的完善和法律法规有效性的提高。考虑到立法有效性研究的现实必要性，本章以我国2004～2019年的建筑施工安全生产相关立法的变迁及其对事故的影响为分析对象，旨在剖析立法对建筑施工生产安全事故的影响机理，为提高立法及其执行的质量提出政策建议。

4.1　立法的变迁对事故属性的牵引作用

4.1.1　构建事故属性的多层次网络

（1）数据获取。在中国，各省、直辖市、地级市、县（区）的应急管理部门和住房和城乡建设部门会定期公布建筑施工生产安全事故的事故信息。针对事故发生的基本情况和事故的原因等做一个基本的公布，针对部分事故也会定期公布事故的调查报告。本书运用Python程序从全国各地区应急管理部门和住房和城乡建设部门网站披露的信息中提取事故信息，共获取了6885条事故记录。接着，对数据进行了清洗，清洗过程包括五个步骤：1）将事故记录依次按照地区、时间、名称来排序；2）删除重复记录，因为一些较大及以上事故会存在多部门转发的情况；3）缺失值处理，首先多途径查询事故记录并手工补全缺失值，无法查询到的缺失值进行删除处理；4）一致化处理，将事故记录中的内容按照事故发生地区、发生时间、事故名称、死亡人数和事故发生过程等内容采用统一的标准格式进行整理；5）手工修改异常值，主要是针对一些事故的发生时间和死亡人数进行异常值处理。最终，得到5396条有效事故记录。

（2）确定网络范围。本书的分析对象为建筑施工生产安全事故的属性。涉及的所有事故属性均来自于上述5396条生产安全事故记录。

（3）识别网络节点：上述研究中介绍了事故属性有四种类型，包括事故发生时间、事故类型、事故死亡人数和死者的个体特征。本书选取了星期（W）、时刻（T）、事故类型（P）、事故死亡人数（N）、死者年龄（A）和死者性别（S）6个属性类别作为网络层次类型。各网络层次中又包含多个节点（属性），节点的含义及其编码见表4.1。

事故属性及其编码 **表4.1**

属性类别	属性	编码	属性类别	属性	编码
	星期一	W1		7：00～8：59	T1
	星期二	W2		9：00～10：59	T2
	星期三	W3		11：00～12：59	T3
星期	星期四	W4	时刻	13：00～14：59	T4
	星期五	W5		15：00～16：59	T5
	星期六	W6		17：00～18：59	T6
	星期日	W7		其他时刻	T7
	高处坠落	P1		年龄<18	A1
	物体打击	P2		18≤年龄<30	A2
	坍塌	P3		30≤年龄<40	A3
事故类型	机械伤害	P4	死者年龄	40≤年龄<50	A4
	起重伤害	P5		50≤年龄<60	A5
	触电	P6		60≤年龄	A6
	其他	P7			
	人数=1	N1			
	人数=2	N2			
事故死亡人数	3≤人数<10	N3	死者性别	男	S1
	10≤人数<30	N4		女	S2
	30≤人数	N5			

（4）构建事故属性的多层次数据结构

基于5396条事故记录R，根据上述的34个事故属性P，构建事故属性数据集X，如图4.1所示。

根据上述数据集X，借助UCINET 6软件构建事故属性网络图G（N，K），其中N为网络的节点数，K为带有权重值的网络连接数，简化后的可视化结果如图4.2所示。节点之间的连接表示两个属性出现在同一个事故记录中，不同的层次表示节点的属性类别。

P=34个事故属性

X=（R=5396条事故记录）

星期(W)							时刻(T)							事故类型(P)							事故死亡人数(N)						死者年龄(A)						性别(S)	
W1	W2	W3	W4	W5	W6	W7	T1	T2	T3	T4	T5	T6	T7	P1	P2	P3	P4	P5	P6	P7	N1	N2	N3	N4	N5	N6	A1	A2	A3	A4	A5	A6	S1	S2
1	0	0	0	0	0	0	0	1	0	0	0	0	0	0	0	1	0	0	0	0	0	0	0	0	0	0	0	0	0	0	0	0	0	1
0	0	0	0	1	0	0	0	0	0	0	1	0	0	0	1	0	0	0	0	0	0	1	0	0	0	0	0	0	0	0	0	1	0	1
0	0	1	0	0	0	0	0	0	0	0	0	0	0	0	0	0	0	1	0	0	0	0	0	1	0	0	0	1	0	0	0	0	1	0
⋮	⋮	⋮	⋮	⋮	⋮	⋮	⋮	⋮	⋮	⋮	⋮	⋮	⋮	⋮	⋮	⋮	⋮	⋮	⋮	⋮	⋮	⋮	⋮	⋮	⋮	⋮	⋮	⋮	⋮	⋮	⋮	⋮	⋮	⋮
0	0	0	0	1	0	0	0	0	0	0	1	0	0	0	0	0	1	0	0	0	1	0	0	0	0	0	0	0	0	0	0	1	0	1
0	1	0	0	0	0	0	0	0	1	0	0	0	0	0	0	0	0	0	1	0	0	0	1	0	0	0	0	0	1	0	0	0	1	0
1	0	0	0	0	0	0	0	0	0	0	0	0	1	0	0	0	0	1	0	0	0	0	0	0	1	0	0	0	0	0	1	0	0	1

图 4.1　事故属性分析的数据集

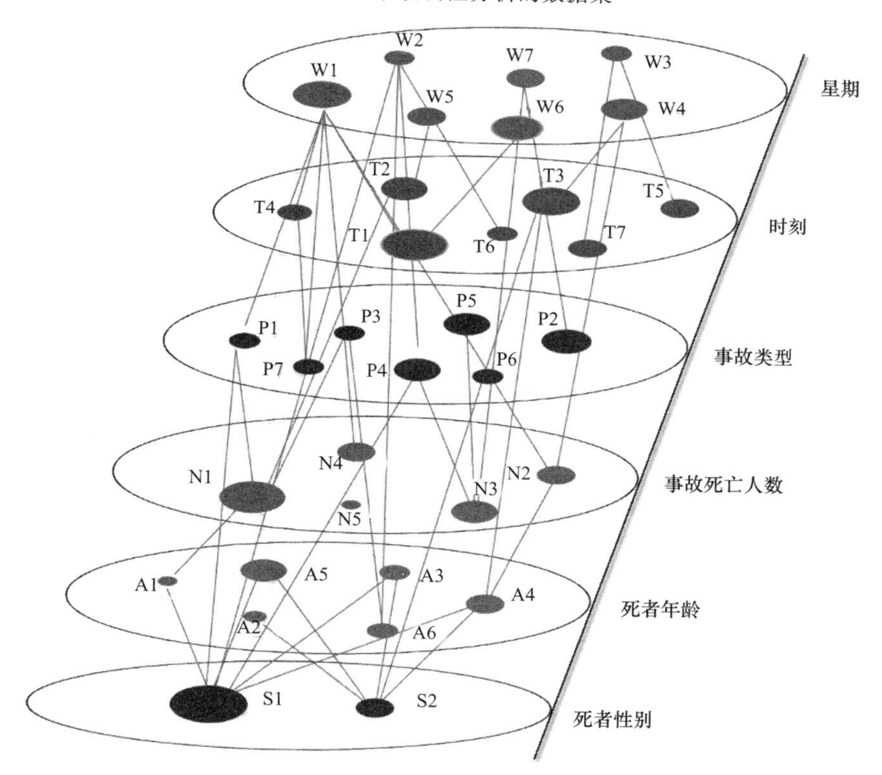

图 4.2　事故属性的多层次网络示例

4.1.2　事故属性网络分析

事故属性网络分析见图 4.2。

4.1.3　生产安全事故属性的演变规律

上述 3.2 节研究中，本书对中国建筑施工安全生产立法阶段划分为四个阶段。以上述研究中的四个立法阶段为分析对象，分别构建事故属性网络。考虑到各阶段事故记录数量的不一致，采用 Bootstrap 方法对各阶段的事故记录分别进行随机不放回抽样，最终形成各阶段均包含 2000 条事故记录的数据集。

首先，本书使用 SPSS 24.0 来检验四个立法阶段的事故属性发生概率是否有显著差异。由于各个阶段的数据之间相互独立，且数据波动大，存在极端值，于是采用 Kruskal-Wallis 检验来分析四个阶段之间的差异性。差异性检验结果为 $P=0.683>0.05$，说明四个阶段之间事故属性发生概率不存在明显的差异性。

接着，本书把四个阶段两两之间进行了非参数检验（K-S 检验），分析每两个阶段之间的事故属性发生概率的差异性（表 4.2）。结果显示：2004～2012 年（第Ⅰ和第Ⅱ阶段），中国建筑施工生产安全事故的属性发生概率并没有发生明显的变化；而从 2013 年（第Ⅲ和第Ⅳ阶段）开始，事故的属性发生概率开始发生明显的变化。2004～2012 年中国的建筑施工安全生产立法在总体上表现为建立健全法律法规体系和监管措施的阶段，2013 年开始中国的建筑施工安全生产立法开始向专项治理和全面提升方向转变。由此可见，中国建筑施工生产安全事故的属性发生概率随着立法阶段的演变而有所变化，事故属性的发生概率随着立法规制侧重点的不同而产生差异。

不同立法阶段事故属性发生概率的非参数检验的显著性 **表 4.2**

立法阶段	Ⅰ	Ⅱ	Ⅲ	Ⅳ
Ⅰ	1.000	0.697	0.364	0.032
Ⅱ	0.697	1.000	0.553	0.039
Ⅲ	0.364	0.553	1.000	0.183
Ⅳ	0.032	0.039	0.183	1.000

之后，本书进一步分析了建筑施工生产安全事故各属性发生概率的变化规律。图 4.3 是事故属性发生概率在各阶段的变化。

事故属性发生概率的变化，可以得到以下结果：

（1）事故发生的星期：事故发生的星期由最初的比较集中在星期四和星期六，而逐渐演变为每天都可能发生事故。针对该结果本书访谈了一名具有 9 年连续从业经验的项目经理，该专家表示，2013 年之前政府安全监管部门对建筑施工项目的安全检查的时间基本固定，通常会在周一至周三对项目进行检查。2013 年住房和城乡建设部发布了《关于开展建筑施工安全生产专项督查的通知》，要求各级安全生产管理相关单位和人民政府加强对辖区内生产安全事故隐患的排查和监督管理力度。政府检查的时间不再固定，具有随机性，相应地，事故发生的日期也会具有随机性。

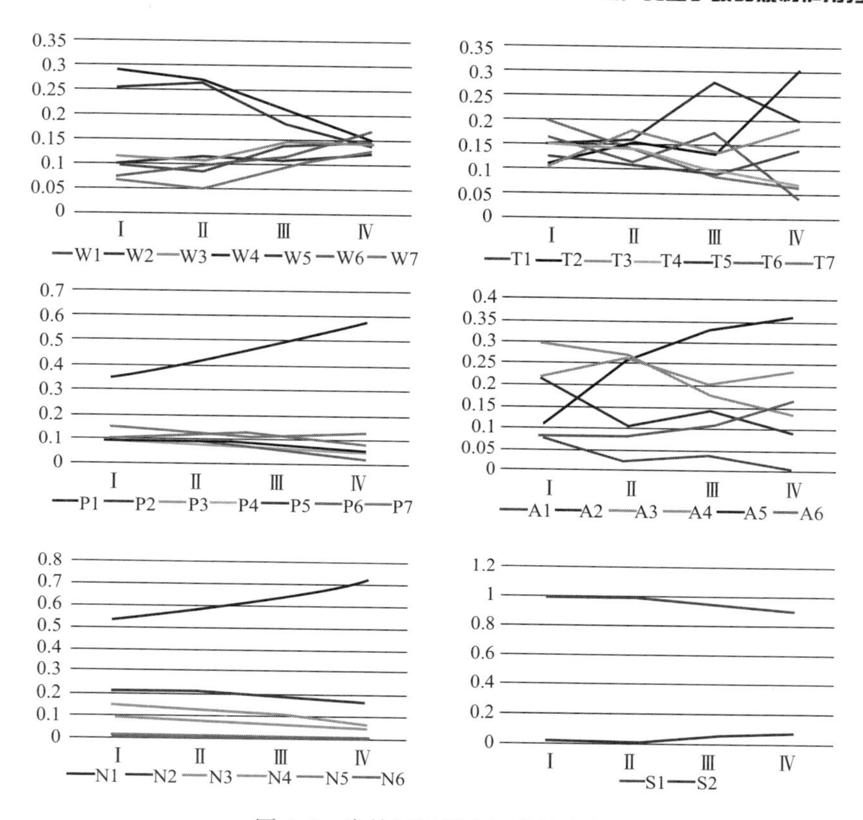

图 4.3　事故属性发生概率的变化

（2）事故发生时刻：事故发生的时刻则由最初的不定时发生，演变为主要集中在 9：00～10：59。9：00～10：59 是一天中工人作业比较集中的时间，此时的工地上的作业人数也是一天中比较多的时候，相应地，事故发生的概率也较大。说明随着立法体系的逐渐完善，事故的发生更多地受到施工作业计划安排的影响。

（3）事故类型：高处坠落事故的发生概率逐渐增大，而其他类型事故的发生概率则普遍下降。说明立法对其他事故类型的发生产生了较好的规制作用。高处坠落事故的发生与建筑施工的作业类型有关，说明这一固有的作业特征很难通过外部监管来产生根本变化。

（4）死者年龄：死亡工人的年龄逐渐呈现老龄化趋势，事故遇难者中，50≤年龄<60 的工人的人数逐渐增多。除了《劳动法》中对年龄下限 18 岁的规定外，建筑施工安全生产相关法律法规对作业人员的年龄并没有明确的规定。因此，这一现象可能更多地受到建筑业用工结构的影响。这也说明，增加对作业人员年龄的限制是建筑施工安全生产法律法规应该进一步完善的。

（5）死亡人数：较大及以上事故的发生概率普遍呈现下降趋势，而一般事故的发生概率逐渐增大。说明随着建筑施工安全生产立法体系的完善，较大及以上事故的发生概率得到了有效抑制。

（6）死者性别：2013 年开始女性工人的比例逐渐增大，但是仍然表现为男性为主的特征。在建筑施工安全生产法律法规中，也没有对作业人员性别的规定。因此，这一现象更多地受到建筑施工的作业类型的限制。女性工人在施工现场一般从事辅助性的工作，比如起重信号工、钢筋工等。这些工作很少涉及特种作业，危险程度相对较低。而男性工人是建筑工人队伍的主体力量，主要从事劳动强度大或危险性较大的特种作业。因此，女性工人的死亡率相对男性工人较低。

最后，本书对各立法阶段分别建立了属性关联矩阵，并分别计算了各阶段属性连接权重的分布，结果如图 4.4 所示。

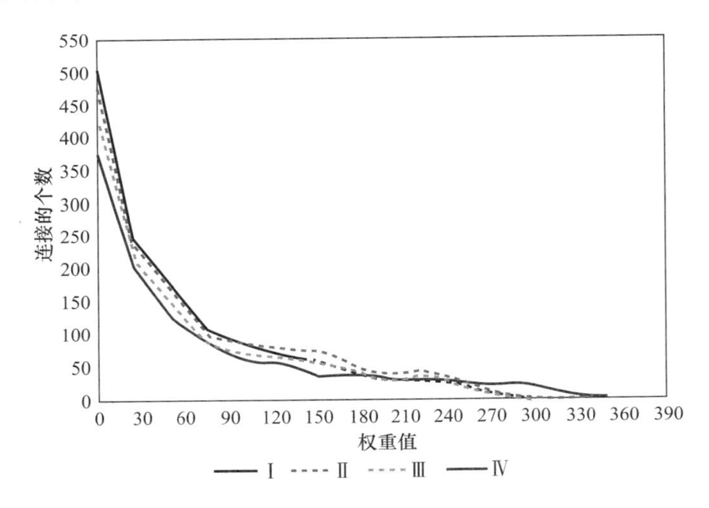

图 4.4 各阶段属性连接权重的分布

连接权重衡量的是事故的属性组合，本书将之称为事故发生模式。图 4.4 的结果显示，事故属性连接权重即事故发生模式呈现多中心化趋势，说明随着立法的变迁，事故发生呈现相对固定的模式。比如，周一上午 9：00～10：59 比较容易发生事故，10≤人数<30 的事故比较容易发生在其他时点（T7）。

以连接权重大于等于 20（大于或等于 10%连接的可能性）为标准对矩阵进行二分之后，本书计算了各属性的度数中心度。建筑施工安全生产各立法阶段排名前三的属性，如表 4.3 所示。度数中心度体现一个属性直接关联的特性。属性的度数中心度越大，则说明该事故属性组合而成的事故模式越多。在建筑施工安全生产四个立法阶段中，每个阶段死者性别是男性的度数中心度都是最高的，说明无论在哪个阶段，男性死者会与其他的多种事故属性进行组合。此外，在第Ⅰ阶段，坍塌事故多发且复杂是事故属性的一个明显特征。坍塌事故的中心度较高，说明坍塌事故发生的时间，以及事故造成的影响是多样化的。在第Ⅲ至第Ⅳ阶段，事故各属性的中心度普遍呈现下降趋势，说明事故发生模式的多样性降低，比如在第Ⅱ阶段，高处坠落事故每个时间段都会发生，而在第Ⅲ阶段，施工作业开始的7：00～8：59时间段很少有高处坠落事故发生。

度数中心度排名前三的属性 **表4.3**

阶段	排名	属性	度数中心度
Ⅰ	1	S1	31
	2	P3	22
	3	T7	19
Ⅱ	1	S1	28
	2	P5	23
	3	P1	21
Ⅲ	1	S1	26
	2	P1	20
	3	W7	19
Ⅳ	1	S1	23
	2	P1	18
	3	N1	18

4.2 立法规制作用下事故致因网络的动态演变

4.2.1 构建事故致因网络

（1）事故致因提取

Hollnagel在1988年提出了第二代认知可靠性和误差分析方法CREAM。该方法将引发事故的原因分为14个组、39项具体前因。沈祖培等（2005）根据中国生产安全事故发生的实际情况，对Hollnagel的事故致因列表进行了优化，并提出了包含36项致因的事故前因后果追溯表。基于他们的研究成果，本书结合建筑施工生产安全事故发生特征，对沈祖培等的前因后果追溯表进行了修正。考虑到建筑施工与制造业的差异，即人工作业的比例较大，而机械作业比例较小，且在分析过程中并没有发现有建筑施工生产安全事故的发生是由于设备“维修失败”导致的，而更多的是安全防护设施的不完善。本书将“维修失败”修订为“安全设施不完善”，修订后本书得到了包含36项致因的事故前因列表，如表4.4

所示。

事故致因类别及其具体描述　　表 4.4

编码	事故致因	具体事故致因
A1	错过观察	未定期进行安全检查；未能及时发现安全问题并督促整改；未及时发现非作业人员进出作业场所；设计单位未对缺桩情况进行跟踪；桩基施工前未对现场周边环境影响进行全面事故辨识等
A2	错误辨识	作业人员认为某些平面足够结实可以踩踏；用粘结性差、透水性强、易松散的土作为回填土；基坑开挖放坡系数不足等
B1	诊断失败	管理人员没有识别安全隐患的存在；未严格审查专项施工方案；安全排查过程中未能对所有用电线路进行断电；基坑分包单位未采取足够措施对基坑东南侧缺桩情况进行探明；基坑壁土质不良且未支护；临时装料平台的搭建虽然进行了验收，但验收不规范等
B2	推理错误	凭个人经验进行作业；作业人员没有佩戴劳动防护用品；设计单位在未得到施工单位探桩回复的情况下认为支护桩存在等
B3	决策失误	盲目指挥人员进行营救；管理人员指挥作业人员冒险作业；突发情况下应急处置不当；基坑分包单位采取的加固措施无法达到实际安全要求；吊车倾覆时，驾驶员盲目跳车等
B4	延迟解释	对作业请求没有及时审批；在发现砖砌体发生变形时没有及时发现存在的坍塌事故；塔式起重机没有进行验收便投入使用；未取得施工许可证提前实施基坑开挖作业；阳台临边外挑悬架水平防护板撤除未及时恢复；没有及时在垮塌处设置提示标牌等
C1	不适当的计划	作业计划紊乱；盲目赶工等
C2	计划目标错误	计划工期违反基本的技术要求等
D1	记忆错误	对墙体存在的危险性认识不足，凭个人经验用风炮机进行拆除作业；操作人员完成作业后忘记切断升降机电源等
D2	分心	作业人员作业过程中玩手机；作业人员在作业时被其他人打断；司索信号工在起吊过程中与他人攀谈而没有目视被吊物；未按照班组长“手扶支架和玻璃”的安排，而是忙于他事
D3	绩效波动	作业人员超负荷工作下降低工作质量；为了赶工期而降低作业质量目标；越来越多的工作达不到施工方案的要求等
D4	不注意	作业人员没有注意到安全设施缺失；在作业中误触开关，导致身体被机械挤压等
D5	紧张	遇突发情况时作业人员慌乱处置等
E1	功能性缺陷	死者自身疾病（急性心梗、脑梗）猝死坠落；由于心源性疾病引起身体不适；突然晕倒等
E2	认知方式	作业人员搭乘严禁载人的提升机运送物料；作业人员擅自离岗；在施工现场腰筋和箍筋尚未绑扎完成的情况下，劳务人员提前拆除临时支撑措施等

续表

编码	事故致因	具体事故致因
E3	认知偏好	作业人员安全意识淡薄偏向于认为不会发生事故；长期不按要求系挂安全带从事高空作业；为了方便违章翻越左右幅桥梁缝隙设置的安全防护栏杆等
F1	设备失效	钢丝绳存在严重磨损、断丝等不良状态；升降机的吊钩保险失效；升降机未安装防坠落装置；涉事压桩机突发故障（提速控制系统部分失效）；吊索滑落失衡；作业人员佩戴有缺陷的安全帽进行作业；塔式起重机起重力矩限制器失效不能起到安全保护作用；原有的勘察手段按照现有国家标准难以发现等
G1	不完善的规程	未组织制定本单位安全生产规章制度和安全操作规程；未制定任何拆除工作的施工方案；设备设施检维修制度不完善；随意变更安装顺序且无监督检查程序等
H1	操作受限制	作业场所狭窄等
H2	信息模糊或不全	未进行施工作业安全技术交底；塔司没有看清楚信号指挥人员的信号等
I1	操作不可行	升降机闸门的锁具损坏无法闭锁闸门；吊斗钢丝绳无防止滑动卡扣；佩戴安全带时未执行“高挂低用”的规定；仅将施工要求作了口头交代；塔身上部产生回转后，不能在回转初期采取紧急处理措施等
I2	标记错误	隐患整改表填写错误；虽设置了“禁止翻越”安全警示标志，但字体朝向无法被施工作业人员看见等
J1	通信联络失败	作业人员呼救时没有被其他人员及时发现；作业现场的闸机由于断电而没有及时将信息传送至管理人员；塔式起重机司机没有正确接收信号工的信息；没有设置具备语音和影响显示功能的通信装置；在还未断掉电源的情况下，另一名工人已开始剥接头收线等
J2	信息丢失或错误	物料提升机未设置显示楼层的标志；未在有较大危险因素的设备上设置明显的安全警示标志；在起重臂长的水平投影覆盖范围外未设置警戒区域等
K1	安全设施不完善	物料提升机未装设具有电气或机械联锁的层楼安全门；各楼层电梯井口防护不严；安全防护设施缺乏；未能对施工过程中的电梯井口进行有效防护和围闭等
K2	不完善的质量控制	涉事设备不符合安全要求导轨顶部未安装限位装置；基坑围护桩缺桩；现浇楼板模板支撑体系钢管连接扣件不符合国家规范要求；结合处焊接焊缝不饱满、不连续，其安装质量存在严重缺陷等
K3	管理问题	相关监管单位未有效落实安全监管责任；未为从业人员提供符合国家标准或者行业标准的劳动防护用品；未监督、教育从业人员按照使用规则佩戴和使用劳动防护用品；生产经营单位主要负责人未履行安全生产管理职责等
K4	设计失败	机械设备不符合安全技术规范要求；未委托正规单位进行设计，也没有对支护体结构进行验算；设计单位未综合考虑施工现场周边情况提出基坑加固方案；存在可双向受力、在钢构件因撬动失去平衡自由翻转瞬间的力矩大于操作者的臂力的情况下未能迅速脱离等设计制作缺陷的撬棍等

续表

编码	事故致因	具体事故致因
K5	不完善的任务分配	违法将墙体拆除工作发包给不具备相应资质的个人或单位；违法分包；交叉作业；工作安排零乱；未在作业控制区上游过渡区配备交通引导人员等
L1	技能培训不充分	对操作规程不熟悉以致不能按照规程操作；作业人员没有经过必要的技能培训；未按规定使用料斗、网或袋包装短碎物料；不落实《施工组织设计（方案）》和安全技术交底要求，设立的马凳筋间距过大且未有效连接等
L2	知识培训不充分	未对从业人员进行安全生产教育和培训；主要负责人和安全生产管理人员未经有关部门对其安全生产知识和管理能力考核合格，不具备与本单位所从事的生产经营活动相应的安全生产知识和管理能力等
M1	不良的周围环境	作业现场地面上有较多散落的水泥砖及碎块；安全梯笼作业平台与模板之间未满铺脚手板；受台风影响，事发前施工地点降雨较多；施工场所照明光线不良、照度不足等；事故当天大雨等
N1	过分需求	工期紧张致使未能严格按照施工方案施工；钢结构班班长在工地放假期间擅自组织施工作业；机械长期“带病”运行等
N2	不适当的工作地点	在起重臂和重物下方或起重臂下旋转范围内作业等
N3	不充分的班组支持	作业人员未取得特种作业操作证；现场安全生产管理人员数量低于法定要求；无专门人员对吊装作业进行现场安全生产管理；现场作业人员不足（只有 4 人，比既定方案少 3 人）；没有安排人员在驾驶室操作等
N4	不规律的工作时间	夜间施工；连续工作 10h 造成劳累等

（2）提取事故致因

本书以 5396 条我国建筑施工生产安全事故记录为分析对象，基于前因后果分析表，提取导致建筑施工生产安全事故的前因。研究团队中的五位研究人员采用人工文本分析方法，从 5396 条事故记录中识别事故致因。分析过程分两个阶段进行，第一阶段运用简单随机抽样方法从 5396 条事故记录中随机选取 100 份进行一致性训练，反复训练直至一致性达到 95%以上，开始第二阶段的全面识别。详细分析过程如图 4.5 所示。识别的结果输出是建筑施工生产安全事故致因数据库，包括事故致因及其发生概率。

（3）构建事故致因网络

以每一条事故记录为行，事故致因为列，基于共现（两个事故致因同时出现在同一条事故记录中）构建事故致因分析的数据集 Y，如图 4.6 所示。

然后，运用 UCINET 6 软件将事故致因分析的数据集 Y 进行格式转化后得到事故致因关联结构矩阵，并根据事故前因后果追溯表，确定事故致因的关联方向。最后将得到的事故致因关联矩阵可视化，得到事故致因关联网络。

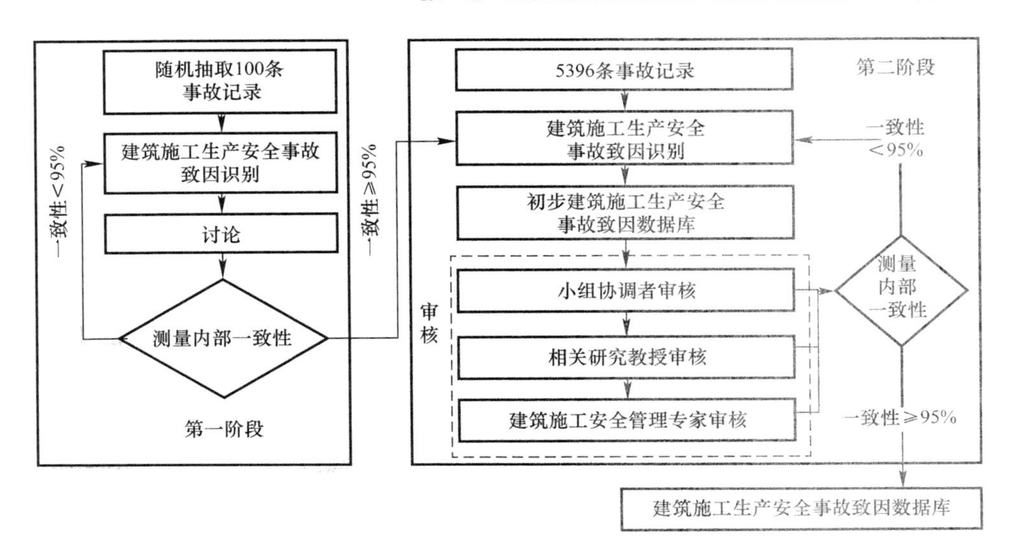

图 4.5 事故致因的提取过程

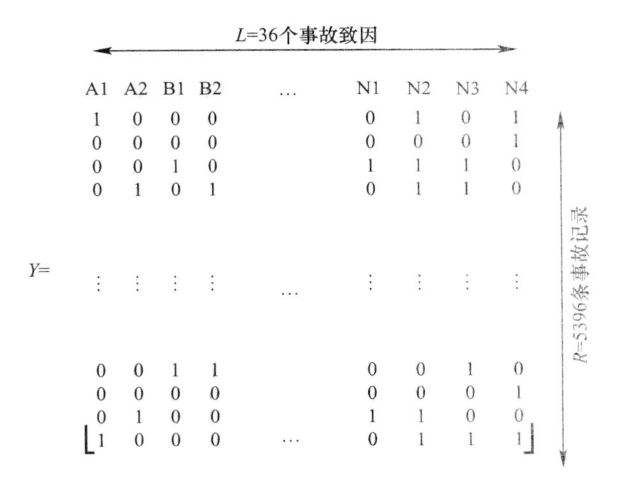

图 4.6 事故致因分析的数据集

4.2.2 事故致因关联网络的演变

为观察事故致因关联网络规模和事故致因关联的紧密程度在立法规制作用下的变动情况，本书将事故致因数据集按照四个立法阶段，分别构建了事故致因关联网络。同样为了排除不同立法阶段事故记录数据量不同所产生的干扰，本书还是采用 Bootstrap 方法对各阶段的事故记录分别进行随机不放回抽样，最终形成各阶段均包含2000条事故记录的数据集。并分别构建各个阶段的网络图，结果如图4.7所示。在图4.7中，横轴表示网络图所属的立法阶段，每个图中的节点表示事故致因，而节点之间的连接表示事故致因之间的关联关系。

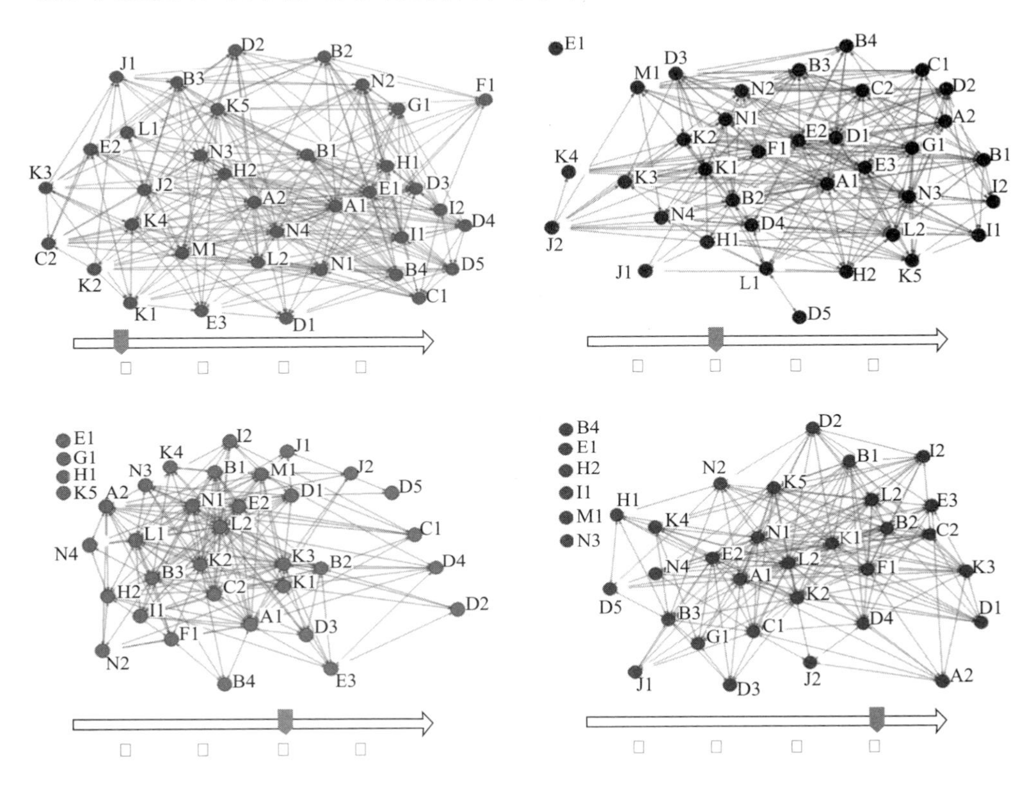

图4.7 各阶段事故致因关联网络图

为探究四个立法阶段内网络结构之间的相关性，本书通过UCINET 6对事故致因网络进行了二次指派程序（QAP）检验。QAP检验是一种对两个方阵中各个值的相似性进行比较的方法。该检验给出了两个矩阵之间的相关性系数，并同时对系数进行非参数检验。

在本书中，对相邻阶段的事故致因关联矩阵均进行QAP检验，检验的置信水平α取5%。观察在置信水平$\alpha=5\%$条件下，相邻统计期的事故致因关联矩阵是否存在显著的相关关系，以判断事故致因关联网络在各个统计期内的结构是否相似，或者说事故致因关联网络的结构是否稳定，检验结果如表4.5所示。

表4.5的结果表明，事故致因网络结构是不稳定的。如表4.5所示，第Ⅰ阶段的网络结构可以预测第Ⅱ阶段的网络结构（$p<0.05$）。但是R^2值为0.301，

说明第Ⅰ阶段的网络结构虽然可以预测第Ⅱ阶段的网络结构，但是第Ⅰ阶段的网络结构对第Ⅱ阶段的解释能力并不太强。第Ⅱ阶段的网络结构不能显著预测第Ⅲ阶段的网络结构，第Ⅲ阶段网络结构也不能显著预测第Ⅳ阶段的网络结构。说明从第Ⅲ阶段开始，网络的整体结构开始发生较大的变化。因此，可以认为，在实施了建筑施工安全专项整治和安全全面提升政策之后，事故致因的整体结构开始发生了显著的变化。同时，也说明立法的规制作用可以改变事故致因网络结构。

网络结构 QAP 检验结果　　表 4.5

检验变量	调整后 R^2	显著性水平
[Ⅰ，Ⅱ]	0.301	0.000
[Ⅱ，Ⅲ]	0.323	0.147
[Ⅲ，Ⅳ]	0.292	0.339

注：检验变量中的变量结构是［自变结构，因变结构］。

为了进一步分析网络结构的变化，本书计算了各阶段的网络整体指标，如表 4.6 所示。

各立法阶段网络整体指标计算结果　　表 4.6

阶段	规模	密度	平均步数	聚类系数	分裂性
Ⅰ	36	0.615	1.543	0.471	0.210
Ⅱ	36	0.577	1.690	0.424	0.213
Ⅲ	36	0.462	1.711	0.511	0.368
Ⅳ	36	0.409	1.757	0.565	0.356

表 4.6 的结果表明，第一，网络的规模始终为 36，说明 36 个事故致因在每个阶段都有出现。第二，网络密度整体呈现下降趋势，网络密度在第Ⅰ阶段最大，密度为 0.515。根据 Wasserman（1988）的研究，密度在 0～0.25 之间时关系密度较低，节点之间的连接为稀疏连接。因此，四个阶段的网络连接都不稀疏。同时，网络的平均步数在第Ⅰ阶段最少，平均步数为 1.543，平均步数整体呈现上升趋势，分裂性也整体呈现上升趋势，事故致因之间的有些关联被切断，说明事故致因之间的关联性逐渐降低。第三，聚类系数在第Ⅲ阶段和第Ⅳ阶段呈现上升的趋势，但是网络整体的关联性却在逐渐降低，说明事故致因随着立法的变迁而表现出部分事故致因的强聚类，即固定的事故致因组合。可以认为在立法的规制作用下，事故发生的规律性越来越强，事故致因由最初的多种事故致因的互相关联，而变现为一些固定的事故致因的频繁出现。比如，2017 年开始约 31%的事故是由于作业人员安全意识淡薄，在未佩戴安全带和无有效安全防护措施的情况下，冒险违章进行高处作业，从而造成高处坠落事故的发生。约 26%

的事故是由于安全培训不充分，作业人员未严格按照技术标准和管理规程作业。

4.2.3 事故致因个体的演变及其与网络结构的互动

在上述分析网络整体结构变动的基础上进一步分析网络个体的演变，需要借助 StoCNet 1.5 软件，并运用该软件内嵌的结构—行为共变模型来进行分析。网络个体演变分析分为两部分：连接和节点。连接的演变主要分析连接的建立和断开，即事故致因之间关联性的建立和断开；节点的演变则主要分析节点的行为和属性，即事故致因发生概率的变化。

首先，本书统计了安全生产立法各阶段网络连接的变化情况，结果如表 4.7 所示。

各相邻立法阶段连接的变化　　表 4.7

阶段	始终未有连接	建立新连接	连接断开	保持连接
[Ⅰ，Ⅱ]	368	36	175	691
[Ⅱ，Ⅲ]	371	39	295	543
[Ⅲ，Ⅳ]	535	21	229	494

网络连接的变化结果说明，每个阶段始终都有新的连接的建立和断开，事故致因之间的关联性在立法规制的作用下而有所变化。每个阶段都有新的连接的建立，反映出在立法的作用下一些原本没有相关性的事故致因之间变得有相关性。比如，设备失效（人脸识别系统失效）→信息丢失或错误（作业人员身份认证信息错误）。同时，立法的规制作用使原本有关的事故致因之间的关联关系被切断，并且关联断开的比例较大，第Ⅲ阶段连接断开的比例甚至达到了 40.6%（295/(1260×0.577）=40.6%）。这与表 4.7 和表 4.8 的分析结果相同。从第Ⅲ阶段开始，立法的规制作用明显，对事故致因网络结构的变动影响较大。

动态网络分析将网络置于立法变迁的轴线上，关注的并非是单一时间点上的网络结构，而是网络结构的连续变动过程，目的是分析过程中立法要点发生变化后，网络结构的发展。为了分析网络结构和事故致因个体的互动机理，本书运用动态网络分析方法中的结构—行为共变模型分析了两个问题，问题 1：立法的变迁过程中，事故致因网络结构如何变化，变化的诱因是什么？问题 2：立法的变迁过程中，事故致因的发生概率如何变化，变化的诱因是什么？并采用参数检验从统计的角度分析变动的显著性。本书运用 StoCNet 1.5 软件计算了结构—行为共变模型中各指标的估计值和显著性系数，结果如表 4.8 所示。

表 4.8 的网络结构变动便是对第一个问题的分析。表 4.8 中网络结构变动的结果显示，立法规制作用下每个连接有 0.284 个机会发生变化。在本书中，事故

致因之间的关联是基于共性的因果关联，即两个事故致因同时出现在同一个事故中。该结果意味着随着立法的变迁，事故致因之间有 0.284 个机会发生共性。

结构—行为共变模型计算结果　　表 4.8

模型	变动函数	指标	估计值	标准差	显著性系数
网络结构变动	机会函数	关联变动频率	0.284	0.103	—
		出度效果	1.257	1.005	0.227
		入度效果	1.990	1.510	0.307
		互惠效果	−4.232	3.411	0.014
		三角转移效果	−0.951	0.217	0.353
	目标函数	出度效果	−0.997	0.674	0.024
		入度效果	0.896	0.398	0.245
		互惠效果	−2.254	−1.996	0.221
		三角转移效果	−1.383	1.018	0.109
		共变相似性	0.478	0.012	0.008
事故致因发生概率变动	机会函数	发生概率的变动频率	0.212	0.098	
		出度效果	2.118	2.724	0.339
		入度效果	6.704	5.251	0.183
		互惠效果	0.449	0.386	0.382
		三角转移效果	1.026	1.113	0.118
	目标函数	发生概率变动倾向	−0.157	0.009	0.003
		共变相似性	0.364	0.065	0.071

互惠效果表征事故致因在面临与其他事故致因构建新连接时，选择建立双向连接的倾向。互惠效果显著（p=0.014），说明网络结构发生变动的原因主要是由于相互影响的事故致因的关联性的变化。而互惠效果的估计值为负，说明就网络结构的变动来说，主要表现为相互影响的事故关联关系的断裂。互惠关联的存在表明事故致因之间的因果关系复杂。互惠关联关系减少，降低了事故致因传播的路径数量，说明一系列法规的出台，导致事故的因果链向单一化方向发展。

我们将出度中心度较大的事故致因称为触发性事故致因，将入度中心度较大的事故致因称为结果性事故致因。目标函数的分析结果显示，出度效果参数检验结果显著，且出度效果的参数估计值为负，意味着如果网络结构发生变化，那么变化的形式是互惠关联中，出度效果的降低，即触发性事故致因影响性的降低。

为了进一步分析立法的作用机理，本书统计了具有互惠关联的事故致因的类型。结果如表 4.9 所示。

事故致因类型之间的互惠关联个数　表 4.9

互惠关联个数	与人有关	与设备有关	与组织有关
与人有关	16	10	109
与设备有关		3	13
与组织有关			44

表 4.9 的结果说明，与人有关的事故致因和与组织有关的事故致因之间更容易发生互惠关联。由于网络结构变化的主要原因是互惠关联的变化，而与人有关和与组织有关的事故致因之间通常表现为“与组织有关的事故致因→与人有关的事故致因”。故此，可以认为随着立法的变迁，即立法体系的逐渐完善，与组织有关的事故致因的影响性逐渐降低，立法对与组织有关的事故致因有很好的规制作用。

表 4.9 中事故致因发生概率变动是对第二个问题的解答。结果说明，平均每个事故致因的发生概率有 0.212 个机会改变，但是事故致因的出度效果、入度效果、互惠效果和三角转移效果均不显著，说明这些网络结构并不会影响事故的发生概率。这与很多风险的研究结果相反。研究者的研究结果通常说明网络结构与网络个体行为在互动过程中相互影响，均会受到对方的影响而发生变动。比如丁嘉威（2016）对风险的动态演变研究结果显示，风险网络结构和风险个体发生概率之间相互影响，风险个体的网络特征发生变化造成风险网络结构变化，而风险网络结构的变化会进一步造成风险发生概率变化。

事故致因发生概率变动倾向的估计值为－0.157，且变动倾向显著，表示如果事故致因的发生概率发生变化，那么事故致因的发生概率将降低。这也验证了上述关于立法的逐渐完善，很多事故致因的发生概率得到了抑制的陈述。发生概率相似性不显著，表示事故致因本身的发生概率不会受到相同发生概率的事故致因的影响。换言之，事故致因 A 和事故致因 B 的发生概率比较相近，那么 A 的发生概率的变化不会受到 B 的影响。这一结果说明事故致因的发生概率的变化是独立的。

4.3 立法对建筑施工生产安全事故的作用机理分析

根据上述对立法规制作用的分析可以发现：

（1）立法对事故的属性具有牵引作用，即事故属性随着立法规制要点的改变而变化，如图 4.8 所示。主要表现是：1）当立法中对隐患排查没有要求时，各地政府通常在周一至周三对施工现场排查，对应时间的事故率较低，而当政府施行双随机政策后，事故发生的时间呈现分散化趋势，即事故发生的星期分布均匀。2）立法对施工作业的时间进行限定后，天气、疲劳等因素的影响作用降低，事故的发生更多的是受到施工作业计划安排的影响。3）立法规制的效果取决于立法规制的对象。随着立法体系的逐渐完善，除了高处坠落事故外，其他事故的类型的概率都呈现下降趋势，而高处坠落事故的发生概率之所以没有发生质的变化，主要是因为高处坠落事故的发生通常是由于建筑施工的作业类型和个人安全意识薄弱导致，而立法无法改变施工作业类型，且通常规制的是企业行为。4）随着立法体系的完善，单个事故的死亡人数得到了有效控制，较大及以上事故的发生比例呈现下降趋势。

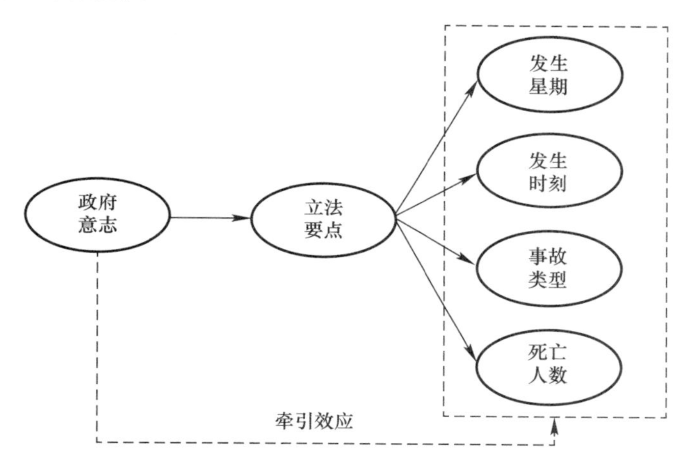

图 4.8　立法要点对事故致因的影响过程

（2）在立法的变迁过程中，事故致因网络结构变动的诱因是立法作用于存在互惠关联的事故致因，使触发性事故致因的影响性降低（图 4.9）。事故致因发生概率的变化会影响网络结构的变化，进而降低事故率或者事故的严重程度。但是网络结构的变化并不会影响事故致因的发生概率。因此，在确定立法要点时，以消除事故致因为目的而确定的立法要点要比以切断事故致因之间的关联而确定的立法要点更加有效。

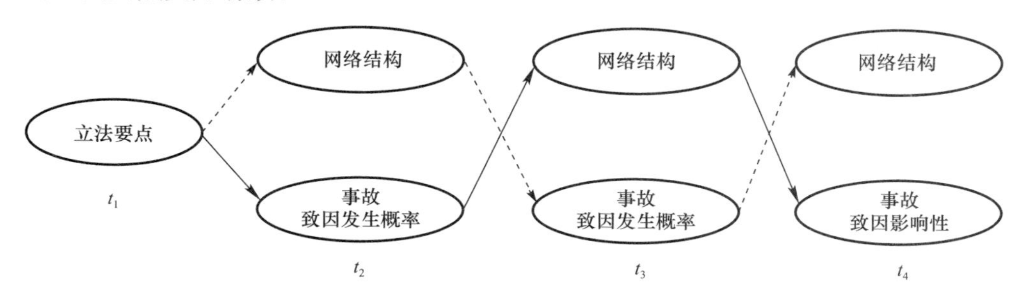

图 4.9　立法对事故致因的作用过程

(3) 虽然立法可以规制多数事故属性和事故致因，但是仍有部分事故属性和事故致因是立法所无法规制的。事故属性的关联分析结果显示，第Ⅳ阶段事故属性网络呈现多中心化特征，出现了一些固定的事故模式，也就是说事故发生的星期、时刻、事故类型、事故死亡人数、死者年龄和死者性别等之间的组合逐渐固定化。我国的立法变迁，经历了“整体框架搭建→局部补充→整体提升”的过程。多数的事故属性在这一过程中被有效抑制，然而仍有一部分事故属性仅依赖立法无法得到有效规制，需要借助于管理、技术等手段来进行控制。比如，工人年龄的分布直接影响了受害者的年龄分布，并且建筑施工中的特殊作业类型导致事故受害者以男性为主。事故致因的分析结果也显示，虽然随着立法的变迁，部分事故致因及事故致因之间的关联性降低。然而，整体来看，事故致因的数量并没有明显减少，且在立法的变迁过程中，随着施工技术和管理技术的创新，一些原本没有关联的事故致因之间建立了新的连接。所以，抑制事故发生，保障建筑施工安全应该跳出完全依靠政府调控的思维，需要政府、企业和工人共同努力。

4.4 本章小结

政府作为建筑施工安全生产的主要监管机构，制定有效的建筑施工安全生产法律法规对于降低建筑施工的事故率和死亡率，提高建筑施工的安全生产水平具有重要作用。分析建筑施工安全生产法律法规的有效性及其作用机理为建筑施工安全监管部门制定、修改与完善安全生产法律法规提供了依据。立法需要以正确指导实践为结果导向，并根据实践来检验立法的有效性。本书基于2004～2019年5396条中国建筑施工生产安全事故的事故记录，从立法规制作用下建筑施工生产安全事故特征的演变来分析建筑施工安全生产法律法规的规制作用，为立法有效性分析提供了新的思路。

第 5 章　监管模式对建筑施工生产安全事故的牵引效应分析

工程建设的目的是“利用人工物谋求人类的福祉”（李伯聪，2020），然而频繁发生的生产安全事故严重影响了这一目标的实现。工程活动是技术要素和非技术要素的统一，非技术要素主要是指管理要素和社会要素。建筑施工的安全生产监管体现为工程的社会属性之一。建筑施工的安全生产监管已经成为工程项目治理的一项重要内容和组成部分。从直接对象上看，建筑施工安全直接涉及的是施工技术问题和项目管理问题。然而，安全生产策略是依据立法和政府监管要求而制定的，因此，其中深层次的要义是如何认识和设计建筑施工安全生产监管体制的公共管理问题。建筑施工的安全生产监管属于社会性规制，主要是指政府或者其他有关组织对从事建筑施工的经营性单位进行安全生产和建设工作情况进行的监督与管理。制定有效的监管策略，构建合理的监管模式是抑制生产安全事故发生的重要举措。

由于建筑工程和建筑企业的类型较多，各利益相关方的诉求千差万别，且处于动态变化之中，致使建筑施工安全生产监管具有复杂性和动态性的特征，给建筑施工安全生产的有效监管带来较大难度。并且，监管机构通常还面临着人力资源和监管费用的限制。根据美国劳工部 2020 年的统计数据，美国 2019 年共有 1850 名检查员，负责检查全国 800 万个工地和 1.3 亿工人的健康和安全，相当于每个检查员平均要检查约 4300 个项目和 70000 名工人。在我国，县级以上人民政府设置了建筑施工的安全生产监管部门，负责对本行政区域内的建筑施工现场进行监督和管理。各级建筑施工安全生产监管部门的人员构成设置比较相近，县级人民政府的建筑施工安全生产监管部门大约有 5 人，每个地级市的建筑施工安全生产监管相关人员约 70 人。以山东省济南市为例，共有建筑企业 600 多家，每年在建施工项目数量有 2000 多个，建筑业产值 2000 多亿元。建筑施工的从业人员大约有 100000 人，每个安全生产监管人员约监管 10 家企业，29 个在建项目，29 亿产值和 1429 个从业人员。并且，随着施工规模变得更大、更复杂，施工类型更加多样化，监管对象变得更加广泛。因此，有必要提高建筑施工安全生产监管的有效性，在有限的人员和资金的限制下，最大限度地降低事故率和死亡率，保障建筑业的持续健康运行。本章尝试依据定量化的、宏观的建筑施工安全生产监管数据，全面审视政府的建筑施工安全生产监管行为特征，从复杂的监管生态中解析基本的监管原理，形成监管模式分析的基本单元。

5.1 中国建筑施工安全生产监管

在我国，国家法律法规授权的行政部门代表政府对企业的安全生产过程实施监督管理。在建筑施工领域，安全生产监督管理实行并行监管制度，一方面国务院负责安全生产监督管理的部门——应急管理部对全国的建筑施工安全生产工作实施综合监督管理，县级以上地方人民政府应急管理部门对本行政区域内建筑施工安全生产实施综合监督管理。另一方面，国务院建设行政管理部门——住房和城乡建设部对全国的建筑施工安全生产实施监督管理，县级以上地方人民政府建设行政主管部门对本行政区域内的建筑施工安全生产实施监管管理。

5.1.1 建筑施工安全生产监管制度

实施安全生产监管的主体简称为监管主体。在中国，在国务院安全生产委员会的统一领导下，负责安全生产监管管理的应急管理部对全国的建筑施工安全生产工作实施综合监督管理；县级以上地方人民政府应急管理单位负责安全生产监督管理的部门对本行政区域内建筑施工安全生产工作实施综合监督管理；住房和城乡建设部的安全生产监管部门对全国的建筑施工的安全生产实施监督管理。交通运输部、水利部等负责有关专业建筑施工安全生产的监督管理；县级以上地方人民政府建设行政主管部门对本行政区域内的建筑施工安全生产实施监督管理。县级以上地方人民政府交通运输部、水利等有关部门在各自的职责范围内，负责本行政区域内的专业建筑施工安全生产的监督管理。

受到政府建筑施工安全生产监管模式影响和制约的社会成员被称为监管对象。在中国，建筑施工安全生产监管对象包括建设单位、勘察单位、设计单位、施工单位、工程监理单位、工程检测单位及其他与建筑施工安全生产有关的单位。监管对象理解、接受、认可、遵从监管制度的程度和结果是衡量监管模式有效性的关键性要素。

监管主体依据国家颁布的法律、行政法规、部门规章、规范和标准等对监管对象实施监管。同时，地方政府颁发地方性法规、地方政府规章，以及地方规范性文件等，这些也是地方监管部门对本行政区域实施监管的依据。一般情况下，地方法规相较于中央法规更加严格，规范的内容更加全面和具体。因此，对于各地区的建筑施工安全监管机构，本地区的地方法规是监管部门实施监管的主要监管依据。监管主体依据有关法律法规对监管对象实施监管的过程中，可以采取多种措施，比如行政许可、审批、核准、行政处罚等。通常，在行政许可、审批和核准的过程中，监管部门会依据法律法规设置一定的前置条件，满足条件的过程也是满足法律法规要求的过程。而行政处罚则是对没有违反法律法规的行为的处罚。图 5.1 是我国当前的建筑施工安全生产的监管体系的基本构架。

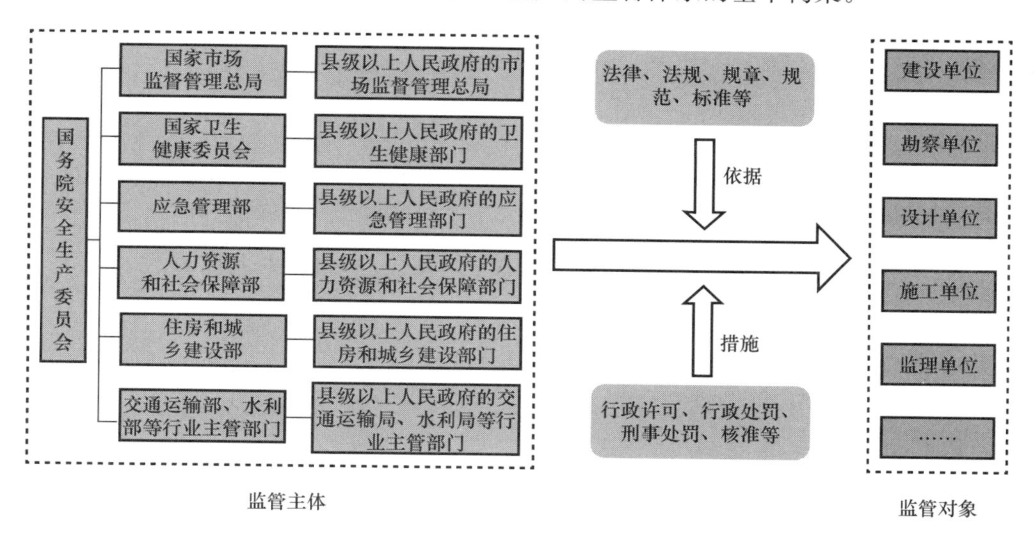

图 5.1　中国建筑施工安全生产监管体系构架图

5.1.2　建筑施工安全生产监管模式

安全生产监管是政府公共事物治理的重要组成部分。在现有的建筑施工监管体系下，受到监管资源的限制，政府部门需要在不同的监管措施方面有所侧重，这便导致了不同的监管模式的产生。本书按照政府的监管行为将监管模式进行不同类型的划分。以我国各地区的建筑施工安全生产监管行为为分析对象，根据各地区的监管行为的特征识别各地区的监管模式。由于住房和城乡建设部门对全国的建筑施工安全生产负有主要的、具体的监管责任，建筑施工安全生产的监管工作的具体实施是由住房和城乡建设部门负责。因此，以住房和城乡建设部门的安全生产监管工作为分析对象，对中国建筑施工安全生产的监管模式进行分类。

本书整理了住房和城乡建设部网站上 2017～2019 年 31 个省级地区上报的建筑施工安全生产监管数据，包括安全检查工程项目数量、下发的行政处罚书数量、颁发的安全生产许可证的数量和安全标准化考核率 4 个监管指标的数据。考虑到我国各地区的建筑施工产值的不同，产值越高则在建施工项目可能越多，相应地有些安全监管指标的值可能越大。为了排除产值总量的影响，本书以一百亿产值为单位，计算了这其中 3 个安全监管指标的值，分别是每百亿产值检查工程项目数量、每百亿产值下发行政处罚书数量、每百亿产值颁发的安全生产许可证数量。同时，在北大法宝数据库网站上以“建筑施工”“安全”为关键词，检索了全国各地区地方性法规、地方政府规章、地方规范性文件和地方工作文件的数量。这些指标均是全国各地区政府实施建筑施工安全生产监管行为和结果的直接衡量。各地区安全生产监管指标的计算结果表 5.1 所示。

全国各地区的安全监管指标 **表 5.1**

省份	每百亿产值颁发的安全生产许可证数量	每百亿产值检查工程数量	每百亿产值下发行政处罚书数量	项目安全标准化考评率	有关安全政策数量
北京	1.09	5.54	**0.58**	**100.00%**	193
天津	2.14	8.82	0.45	64.07%	84
河北	0.48	8.54	0.13	73.39%	270
山西	0.44	3.89	0.05	**100.00%**	94
内蒙古	1.83	10.59	0.32	**100.00%**	**295**
辽宁	1.24	7.97	0.13	87.00%	116
吉林	3.99	6.09	0.14	25.00%	107
黑龙江	1.25	**13.00**	0.09	48.43%	203
上海	0.35	7.13	0.29	**100.00%**	89
江苏	**0.22**	3.14	0.11	96.11%	278
浙江	0.30	7.34	0.11	87.88%	**377**
安徽	0.86	5.39	0.09	82.60%	**294**
福建	1.95	1.82	0.01	**100.00%**	248
江西	1.15	4.97	0.19	95.98%	106
山东	0.36	11.26	**0.46**	84.46%	189
河南	0.52	4.07	0.08	85.00%	130
湖北	**0.01**	3.43	0.05	82.35%	**367**
湖南	0.76	4.11	0.20	**100.00%**	148
广东	0.79	**16.30**	0.20	97.48%	**291**
广西	0.34	4.51	0.10	**100.00%**	244
海南	**0.20**	10.07	**0.82**	48.25%	55
四川	2.88	7.62	0.21	86.10%	186
重庆	0.44	4.48	0.39	**100.00%**	158
贵州	**0.01**	9.95	0.06	58.78%	279

续表

省份	每百亿产值颁发的安全生产许可证数量	每百亿产值检查工程数量	每百亿产值下发行政处罚书数量	项目安全标准化考评率	有关安全政策数量
云南	**0.19**	4.65	0.03	68.85%	30
西藏	0.55	**27.70**	0.26	97.50%	30
陕西	2.26	4.79	0.12	89.45%	204
甘肃	1.24	10.15	0.13	83.01%	36
青海	3.55	7.52	**1.06**	59.48%	57
宁夏	1.57	**26.31**	**0.77**	87.75%	60
新疆	0.99	**12.39**	0.09	62.25%	61

注：表 5.1 中加粗的数字表示该指标中排序前五的数值。其中“每百亿产值检查工程数量”“每百亿产值下发行政处罚书数量”“项目安全标准化考评”和“有关安全政策数量”均标识的是排序最大的五个数值，而“每百亿产值颁发的安全生产许可证数量”中标识的是排序最小的五个数值。

表 5.1 的结果说明，各地区在每百亿产值颁发的安全生产许可证数量、每百亿产值检查工程数量、每百亿产值下发行政处罚书数量、项目安全标准化考评率和有关安全政策数量方面均有不同的展示。各地区虽然都采取了各项安全生产监管措施，但是在对待各种安全监管措施的重视程度、施行力度上存在差异。由于行政资源的限制，各地区需要在各种监管措施中有选择地侧重某一些措施。比如北京市的建设行政主管部门“百亿产值颁发的安全生产许可证数量”较多，说明北京市对申请人的安全生产条件的审核较为宽松，但是对“每百亿产值下发的行政处罚书的数量”和“项目安全标准化考评率”的监管较为严格，说明北京市的建设行政主管部门虽然放宽了准入审核，但是比较重视过程监督和违规处罚。安全监管指标的数值是各地区在各项监管措施中投入的资源数量多少的间接反应，也是各地区对各监管措施重视程度的直接体现。根据各地区对待各项安全生产监管措施的重视程度，本书将当前的建筑施工安全监管模式提炼为 5 种基本模式。

（1）严控准入模式

行政许可是政府实施监管的主要措施之一。中国对建筑施工企业实行安全生产许可制度，未取得安全生产许可证建筑施工企业不得从事建筑施工活动。建设行政主管部门通过审查企业是否具备了一定的安全生产条件，来决定建筑施工企业是否有能力进行建筑施工管理。每百亿产值颁发的安全生产许可证数量越少，一定程度上可以说明该地区对申请人的安全生产条件的审核越是严格。表 5.1 的结果说明各地区在准许企业从事建筑施工方面存在差异。有一些地区简化了建筑施工安全生产许可证的申请条件和审核过程，比如福建省规定建筑施工企业在申请建筑施工安全生产许可证时，不需要提交施工现场各工作岗位安全生产操作规程、企业保证安全生产投入的证明文件，以及职业危害防治措施等文件。安徽省则将建筑施工安全生产许可证的审核和管理权限下放至下辖各市的建设行政主管部门。然而，有些地区在颁发和管理建筑施工企业安全生产许可证的过程中，通过严格审核企业的安全生产条件来防止和减少生产安全事故的发生。比如，江苏省对建筑施工企业安全生产许可证的审核实行三级审核制度（图 5.2）。建筑施工企业安全生产许可证的核发需要经过建筑施工企业安全生产许可证考核工作站、省建筑工程管理局质量安全技术处和建筑施工企业安全生产许可证审定委员会三方面的审核。必要时还要对申请单位的施工现场的安全生产条件进行现场检查。因此，将这种严格审核企业的安全生产许可证申请条件的监管方式称为“严控准入模式”。

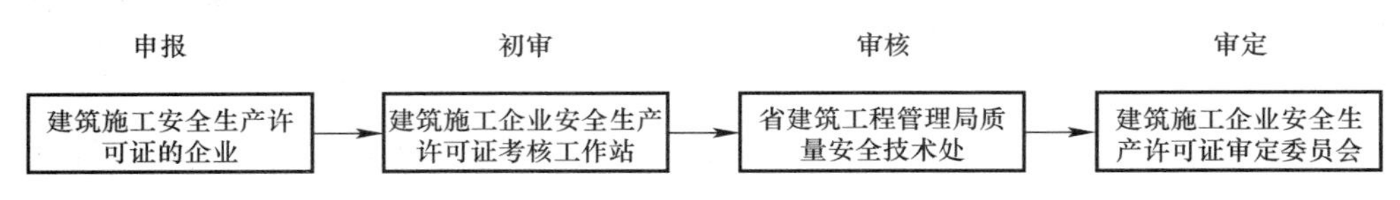

图 5.2　江苏省安全生产许可证的申请和审核过程

（2）政策调节模式

政府实施监管的另外一种方式是制定建筑施工安全政策，通过政策来规范企业的行为，进而预防和减少建筑施工生产安全事故的发生。住房和城乡建设部会从多方面制定建筑施工安全生产相关政策来规范全国的建筑施工活动，同时，各地区也会制定一些地方规章和规范性文件来引导本行政区域内的建筑施工安全生产行为。通常情况下，地方政策是在国家政策的基础上的进一步细化，地方政策要比国家政策的要求更加严格，规范的内容更加详细。表 5.1 中统计了各地区颁布的建筑施工安全相关政策的数量，结果说明各地区颁布的建筑施工安全相关政策的数量上存在很大的差异。有些地区比较重视制定相关政策来规范和引导企业的安全生产行为，并希望通过政策来规范和指导企业的行为，比如浙江省现行有效的建筑施工安全相关政策数量达到了 377 部。浙江省住房和城乡建设厅不仅发布了省级工程建设标准《建筑施工安全管理规范》和《建筑工程施工安全隐患防治管理规范》，还对建筑施工企业的各项安全管理行为进行具体的规范，比如制定并颁发《浙江省建筑施工安全标准化管理规定》《浙江省建设工程施工现场安全管理台账》《浙江省建筑施工企业安全生产许可证管理实施细则》等。与此同时，浙江省下辖各地区也发布了大量的政策文件，针对特殊天气和特殊节日的建筑施工安全生产进行了规范。此外，湖北省、广东省和安徽省也颁布了多达 290 部有关政策，这些地区对制定政策的重视程度也比较高。有些地区则对制定政策的重视程度比较低，比如云南省、西藏自治区和甘肃省现行有效的建筑施工安全相关政策只有 30 多部。这些地区对建筑施工的安全监管主要依据国家的政策，很少根据地区特点另外作出具体规定。本书将重视制定建筑施工安全生产有关政策来规范企业行为的监管方式称为“政策调节模式”。

（3）隐患排查模式

大量研究表明，安全隐患的存在是导致建筑施工生产安全事故发生的主要原因，消除安全隐患是遏制和防范建筑施工生产安全事故发生的主要措施。在我国，安全生产检查采用内外部结合的方式。建筑施工企业做好日常检查的同时，在由安全管理部门牵头、其他部门配合的情况下，有关机构也会定期对施工现场进行随机抽查。表 5.1 的结果说明，各地区均会对建筑施工项目进行定期的隐患排查，但是各地区隐患排查的力度存在差异。有些地区建设行政主管部门对建筑施工项目进行隐患排查的过程要求比较严格，隐患排查的频率也比较高。比如山东省，要求下辖各市严格落实网格化监管责任，市、县（市、区）建设行政主管部门每月至少对直接监管的工程项目开展一次全覆盖、拉网式巡查监督；设区市的建设主管部门每 2 个月至少对各县（市、区）开展一次抽查；省级主管部门每季度至少对各设区市开展一次暗访抽查；同时，政府还通过购买服务等方式委托专业机构进行辅助检查。而有些地区的建设行政主管部门对隐患排查的频率相对较低，比如福建省，要求每季度对建筑施工项目进行至少一次监督检查，检查的工程项目的数量相对较少。本书将这种高频率地对施工现场进行安全隐患排查的监管方式称为“隐患排查模式”。

（4）以罚促管模式

对违反安全生产相关法律法规的企业实施行政处罚是保证企业严格遵守相关法律法规，提高安全生产条件的重要措施。对施工企业的处罚力度体现在两方面，处罚措施和处罚企业的数量。建设行政主管部门对违反安全生产相关法律法规的企业的行政处罚措施主要有三种，即罚款、暂扣安全生产许可证和吊销安全生产许可证。在暂扣和吊销安全生产许可证的数量方面，由于部分地区对该信息进行了披露，大部分地区没有披露该部分信息，因此，本书没有统计该项指标。本书对比分析了各地区“百亿产值罚款数额”，结果显示罚款的数额各地区之间的差异性较小，而罚款企业数量的统计结果显示各地区之间的差异性较大，因此，本书用处罚企业的数量来衡量各地区对处罚措施的重视程度。表 5.1 的结果显示，各地区对处罚措施的重视程度是存在差异的。比如北京市“百亿产值下发的行政处罚书的数量”比较高（0.58）。分析北京市的监管行为发现，北京市建筑施工企业安全生产的监管采用“严执法”的工作原则，施工企业安全生产条件检查采取资料核查与现场检查相结合的方式，安全监督检查过程比较严格。对资料核查符合标准的企业，市住房城乡建设委随机抽取 1、2 项企业的在京施工项目，对工程项目开展现场核查。对施工现场安全管理、生活区办公区、绿色施工、脚手架、模板支撑体系、安全防护、临时用电、塔式起重机、机械安全、消防保卫等 10 项内容进行现场检查打分，多维度判定企业是否符合安全生产条件，对不符合安全生产条件的企业立即给予相应的处罚，因此，北京市下发的行政处罚书的数量比较多。而其他地区虽然强调加强对违反安全生产相关政策的企业进行处罚，但是并没有给出详细的执法措施，对违法行为的界定比较模糊，因此，下发的行政处罚书的数量也比较少。本书将重视事后处罚的安全监管措施称为“以罚促管模式”。

（5）安全考评模式

与以罚促管模式所不同的是，安全考评是从正面鼓励企业提高企业的安全生产条件，建设行政主管部门对评定为优良的企业进行表彰奖励。住房和城乡建设部于 2006 年开始对建筑施工领域实施建筑施工安全生产标准化考评制度，建设行政主管部门作为考评主体，对建筑施工企业和工程项目部贯彻和执行建筑施工安全法律法规和标准规范的程度进行评价，并根据评价结果将企业的安全生产标准化水平评定为“优良”“合格”及“不合格”。由于各地区对建筑施工安全生产标准化考评的重视程度不同，因此，实施建筑施工安全生产标准化考评的工程项目的数量比率不同。有些地区对辖区内的所有工程项目实施了安全生产标准化考评，比如北京市、内蒙古、山西省和上海市等地区的建筑施工安全标准化考评率达到了 100％。这些地区要求对行政区域内所有新建、扩建、改建房屋建筑工程项目进行安全生产标准化考评。而有些地区则是对部分规模较大的工程项目进行安全标准化考评，比如杭州市要求满足“单体住宅工程 4000m^2 以上，建筑面积在 15000m^2 以上的住宅组团，5000m^2 以上的配套别墅群”等条件的工程项目才能参加建筑施工安全生产标准化工地评选。本书将这种通过安全生产标准化考评来激励企业提高安全生产条件的监管措施称为“安全考评模式”。

由于部分地区可能实施了多种监管模式，比如北京市在以罚促管和安全考评方面的力度都比较大。有些地区由于建筑业产值比较低，建筑施工企业和施工项目比较少，可能出现异常值，比如西藏自治区、宁夏回族自治区和甘肃省等地区。排除多种监管模式的干扰和异常值的影响，本书选择了江苏省、浙江省、广东省、山东省和上海市这些地区分别作为严控准入、政策调节、隐患排查、以罚促管和安全考评监管模式的代表（图 5.3），进行监管模式绩效的分析。这些地区表现为对某一类监管措施的重视程度和成效非常突出。这样的做法可以保证基于真实的监管数据来进行研究的同时，尽量使监管模式的应用场景具有对比性。

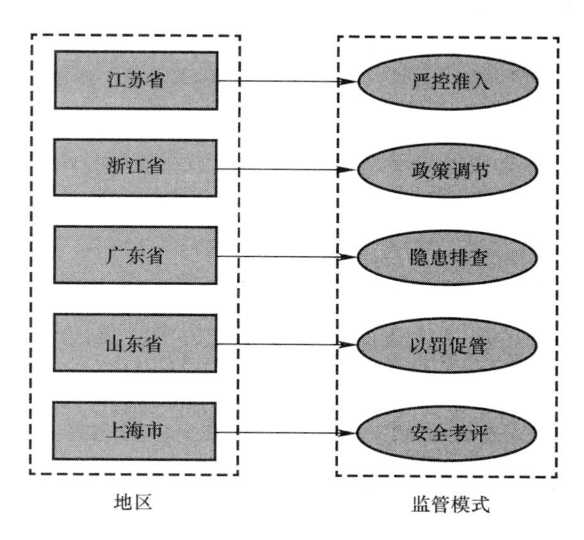

图 5.3　监管模式的分析对象

5.2　不同监管模式的有效性分析

5.2.1　基于事故率和死亡率的有效性分析

政府对建筑施工监管的最主要目的是降低事故的数量和事故的死亡人数。因此，事故的数量和死亡人数是监管模式有效性最直接的评价标准。为此，本书统计分析了 2010～2019 年不同的监管模式下各地区的百亿产值事故率（N）和百亿产值死亡率（L）。各种监管模式下事故发生情况的计算结果如表 5.2 所示。

2010～2019 年不同监管模式下事故率和死亡率　　　　表 5.2

年份	严控准入		政策调节		隐患排查		以罚促管		安全考评	
	N	L	N	L	N	L	N	L	N	L
2010	0.73	0.86	1.04	1.14	0.46	0.65	0.34	0.41	1.29	1.84
2011	0.83	0.84	0.95	1.15	0.38	0.61	0.28	0.35	1.26	1.50
2012	0.59	0.53	0.91	1.05	0.22	0.28	0.15	0.24	1.14	1.32
2013	0.47	0.69	0.76	0.89	0.25	0.25	0.15	0.22	0.51	0.64
2014	0.79	0.90	0.68	0.71	0.28	0.21	0.22	0.25	0.71	0.77
2015	0.53	0.60	0.51	0.57	0.31	0.28	0.08	0.14	0.59	0.64
2016	0.92	0.87	0.39	0.46	0.42	0.28	0.16	0.33	0.65	0.77
2017	0.73	0.73	0.32	0.46	0.40	0.19	0.12	0.23	0.37	0.39

续表

年份	严控准入		政策调节		隐患排查		以罚促管		安全考评	
	N	L	N	L	N	L	N	L	N	L
2018	0.64	0.65	0.36	0.39	0.31	0.43	0.18	0.29	0.45	0.42
2019	0.53	0.62	0.25	0.30	0.36	0.40	0.21	0.27	0.18	0.37
均值	0.676	0.729	0.617	0.712	0.339	0.358	0.189	0.273	0.715	0.866

表 5.2 的结果说明，从平均水平来看，隐患排查模式和以罚促管模式在降低事故率和死亡率方面是最有效的。以罚促管模式给企业以直接的威慑力，迫使企业提高安全状况，但是该监管模式比较容易使企业产生瞒报和谎报行为。而隐患排查则是直接作用于事故致因，降低了事故致因引发事故的可能性。

本书运用 SPSS 24.0 检验不同监管模式下百亿产值事故率和百亿产值死亡率是否存在显著的差异，结果如表 5.3 所示。

差异性分析结果 **表 5.3**

模型	百亿产值事故率					百亿产值死亡率				
	平方和	df	平均值平方	F	Sig.	平方和	df	平均值平方	F	Sig.
组间变异	2.38	4	0.60	8.48	0.00	3.83	4	0.96	13.40	0.00
组内变异	3.86	55	0.07	—	—	3.93	55	0.07	—	—
总变异	6.24	59	—	—	—	7.76	59	—	—	—

差异性分析的结果说明，不同监管模式下百亿产值事故率存在显著差异（$F=8.48$，$P=0.00$），并且百亿产值死亡率之间也存在显著的差异（$F=13.4$，$P=0.00$），这说明不同监管模式下事故的发生率和死亡率不同，也说明监管模式的选择会影响事故的发生。

图 5.4 是各种监管模式下百亿产值事故率和百亿产值死亡率随时间的演变。从图 5.4 中可以发现，隐患排查模式和以罚促管模式下事故率和死亡率在 2010～2019 年始终是最低的，并且变化幅度也比较小，说明隐患排查和以罚促管始终是提高建筑施工安全状况最有效的措施。还可以发现，安全考评模式的事故率和死亡率均呈现下降趋势，说明运用安全考评方式对建筑施工进行监管的有效性逐渐增高，与此同时政策调节模式的监管有效性也逐渐增高。而严控准入模式下事故率和死亡率处于五种模式的中间层次，并且在近 10 年间整体上变化比较小。

5.2.2 基于事故严重程度的有效性分析

事故发生情况除了事故率和死亡率之外，还包括事故的严重程度。死亡人数

（N）是衡量事故严重程度的重要指标，N越大则该事故越严重。《生产安全事故报告和调查处理条例》中按照事故的死亡人数将事故划分为四类：特别重大事故（$N\geqslant30$），重大事故（$10\leqslant N<30$），较大事故（$3\leqslant N<10$），一般事故（$N<3$）。本书在数据分析过程中发现部分地区死亡人数为2的事故的数量也比较多，因此，在中国分类标准的基础上，本书将事故类型分为五种类型（$N=1$，$N=2$，$3\leqslant N<10$，$10\leqslant N<30$，$N\geqslant30$），并统计了2004～2019年不同监管模式下各类型事故发生的平均概率结果如表5.4所示。

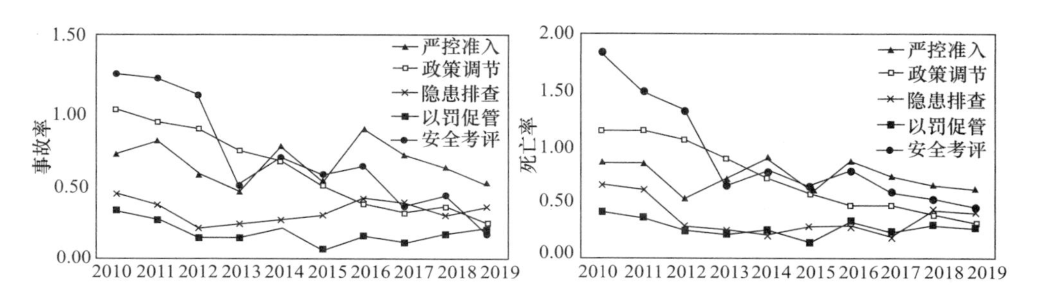

图5.4 不同监管模式下事故率和死亡率的演变

2004～2019年不同监管模式各类型事故发生的平均概率 **表5.4**

死亡人数（N）	平均概率				
	严控准入	政策调节	隐患排查	以罚促管	安全考评
$N=1$	73.88%	79.02%	68.96%	61.18%	78.24%
$N=2$	23.41%	19.56%	25.55%	29.61%	19.09%
$3\leqslant N<10$	2.71%	1.42%	5.22%	9.21%	2.29%
$10\leqslant N<30$	0.00%	0.00%	0.27%	0.00%	0.38%
$N\geqslant30$	0.00%	0.00%	0.00%	0.00%	0.00%

表5.4的结果说明，以罚促管模式下造成1人死亡的事故的平均概率最小（61.18%），而造成2人及以上死亡的事故的平均概率是最大的（29.61%），并且造成3人及以上死亡的事故的平均概率也是最大的（9.21%），说明以罚促管监管模式中造成2人及以上死亡事故的概率最大。相反政策调节监管模式下造成1人死亡的事故的发生概率最大（79.02%），造成2人及以上死亡的事故的平均概率是最小（20.98%）。同时严控准入和安全考评监管模式下造成2人及以上死亡的事故的发生概率也较小，说明政策调节、严控准入和安全考评的监管模式可以有效地抑制严重事故的发生。

5.3 不同监管模式下事故致因网络分析

5.3.1 构建事故致因网络

（1）数据获取

本书运用 Python 程序从应急管理部门和住房和城乡建设部门的网站上获取了江苏省、浙江省、广东省、山东省和上海市 2004～2019 年的建筑施工事故记录。按照 3.2.1 中的数据清洗过程进行数据预处理之后，最终江苏省、浙江省、广东省、山东省和上海市分别得到 316、283、305、237、280 条有效事故记录（共 1421 条）。

（2）提取事故致因

事故致因的提取过程如图 4.5 所示。

（3）构建事故致因关联矩阵

由于各地区搜集的事故记录数量不同，为了排除事故记录的数据量不同所产生的干扰，此处依然采用 Bootstrap 方法对各监管模式的事故记录分别进行随机不放回抽样，最终形成各监管模式均包含 500 条事故记录的数据集。以每一条事故记录为行、事故致因为列，基于共现（两个事故致因同时出现在同一条事故记录中）构建事故致因分析的数据集 Z_i，如图 5.5 所示。Z_i 表示监管模式 i 中事故致因分析分数据集。之后，运用 UCINET 6 软件将事故致因分析的数据集 Z_i 进行格式转化，并以连接权重大于等于 5（大于或等于 1%连接的可能性）为标准对连接进行二分之后得到事故致因关联结构矩阵。

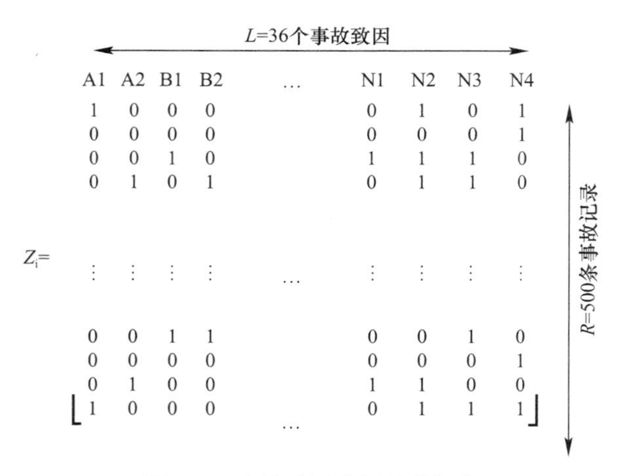

图 5.5 事故致因分析的数据集

5.3.2 事故致因网络的整体特征

本书中计算了3个整体指标，分别是网络的密度，平均最短路径和聚类系数。密度指网络中实际存在的关联数与理论上的最大数量的比值，衡量事故致因关联网络中事故致因之间联系的紧密性。该值越大则事故致因之间的联系越紧密。最短路径是指从某一事故致因沿网络到达另一事故致因所经过的最短距离。平均最短路径是各事故致因最短路径的平均值，衡量网络中事故致因的分离程度。平均最短路径越大，事故致因之间的联系越紧密，事故致因之间相互影响的路径越短。凝聚度是基于可达性对网络进行测量，凝聚力越高，事故致因之间关系越复杂。运用UCINET6软件计算了分别计算了各种监管模式的事故致因网络的3个整体指标，计算结果如表5.5所示。

各种监管模式下事故致因网络整体指标 **表5.5**

监管模式	密度	平均最短路径	聚类系数
严控准入	0.61	1.39	0.89
政策调节	0.80	1.13	0.79
隐患排查	0.48	1.79	0.61
以罚促管	0.89	1.11	0.94
安全考评	0.55	1.53	0.55

分析表5.5可以发现，以罚促管监管模式下事故致因网络的密度和聚类系数最大，平均最短路径最短，说明事故致因之间的联系较为紧密，且关联关系复杂。其次是政策调节，其网络密度也比较大，平均最短路径比较短，但是与严控准入相比，聚类系数则较小，说明政策调节的监管模式与严控准入的监管模式相比，事故致因之间关联较为紧密，但是关联关系的复杂程度较低。隐患排查和安全考评的密度和聚类系数都较小，平均最短路径较大，说明隐患排查和安全考评这两种监管模式可以很好地降低事故致因之间关联的紧密度和复杂度，同时也可以减少事故致因之间的聚类。

5.3.3 事故致因网络的个体特征

事故致因网络的个体指标主要是指中心性指标，包括节点的度数中心度，节点的中间中心度和边的中间中心度等，度数中心度衡量的是事故致因对其他事故致因的直接影响，中间中心度衡量的是节点/边对网络结构的控制力，则节点/边的桥梁作用越明显，即一部分事故致因在这些事故致因的影响下，会更容易导致另一部分事故致因的发生。这些指标的值越大则点/边对网络结构越重要。本书分别计算了各监管模式事故致因网络的节点的入度中心度，节点的出度中心度，节点的中间中心度和边的中间中心度。并选取了各指标中排名前五的节点或边。结果如表 5.6 所示。

各种监管模式下排名前五的个体指标　　表 5.6

监管模式	节点的度数中心度	界点的中间中心度	边的中间中心度
严控准入	L1　L2　A1 K3　A2	L2　K3　L1 A1　K2	A1-N1　L1-N1　K2-N1 D5-L2　D4-L2
政策调节	A1　L2　B1 A2　B3	A1　L2　B2 E3　D2	A1-E3　A1-L2　B1-L2 D4-E3　K1-N1
隐患排查	L2　D4　B2 A2　K5	L2　E3　D4 N4　K3	B1-L1　C1-N1　D4-N4 A1-K3　K3-K5
以罚促管	A1　L1　N1 B2　E2	A1　L1　A2 E2　B1	K3-K5　B2-E3　A1-B2 D4-K5　N1-N3
安全考评	D4　B2　A2 L2　B2	E3　D4　N4 K3　K5	N1-N3　B3-E3　D4-K5 A1-B2　D2-N1

五种监管模式下事故致因的网络结构图分别见图 5.6～图 5.10。图中分别用不同的颜色标注了网格中的关键事故致因/关联。其中，深灰色表示度数中心度排名前五的事故致因，浅灰色表示中间中心度排名前五的事故致因，由于部分事故致因的度数中心度和中间中心度均排名前五，因此，部分图中的浅灰色事故致因的数量少于五个。图中红色的关联是中间中心度排名前五的关联。

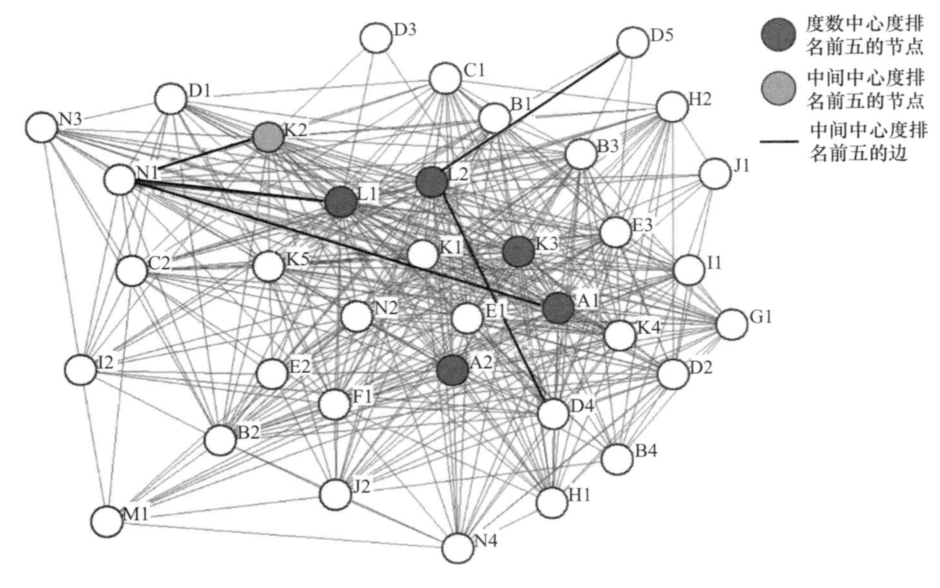

图 5.6　严控准入监管模式下事故致因关联网络图

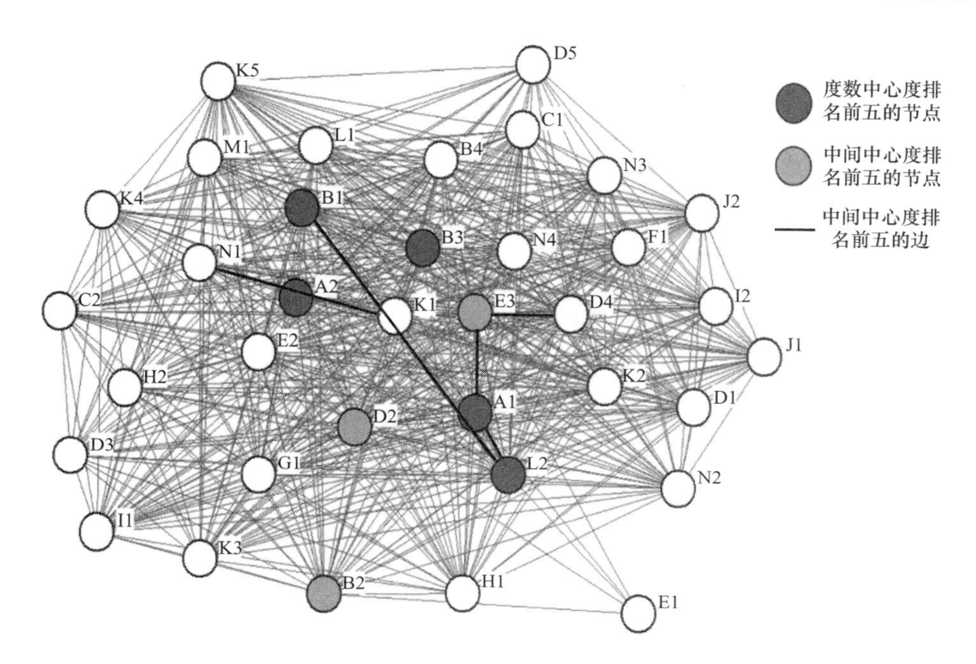

图 5.7　政策调节监管模式下事故致因关联网络图

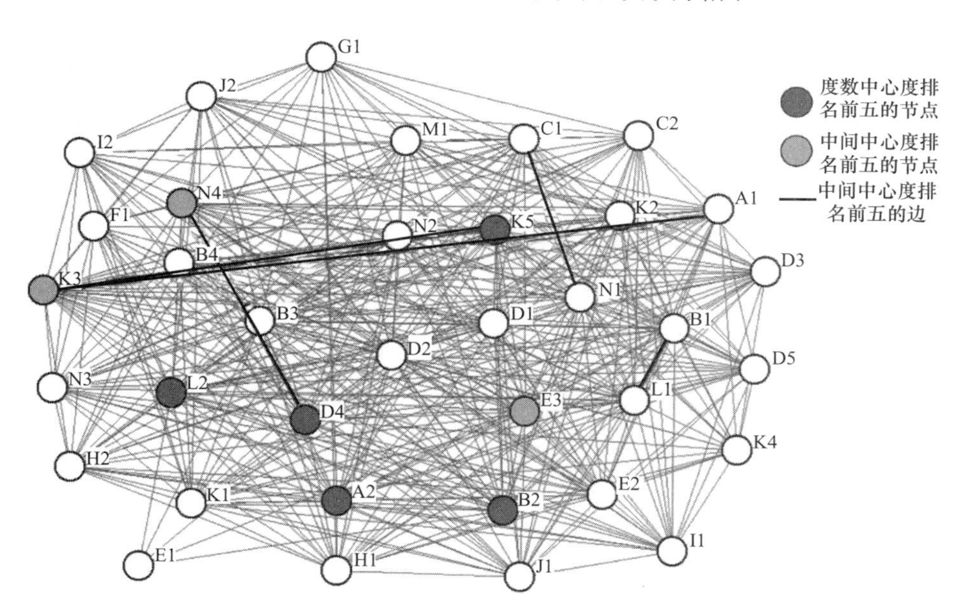

图 5.8　隐患排查监管模式下事故致因关联网络图

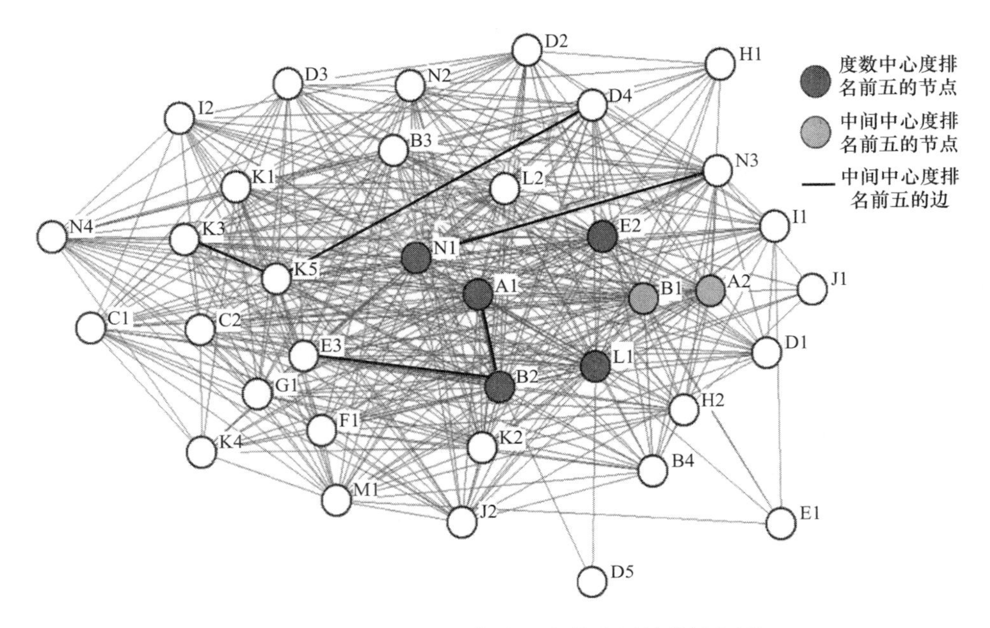

图 5.9　以罚促管监管模式下事故致因关联网络图

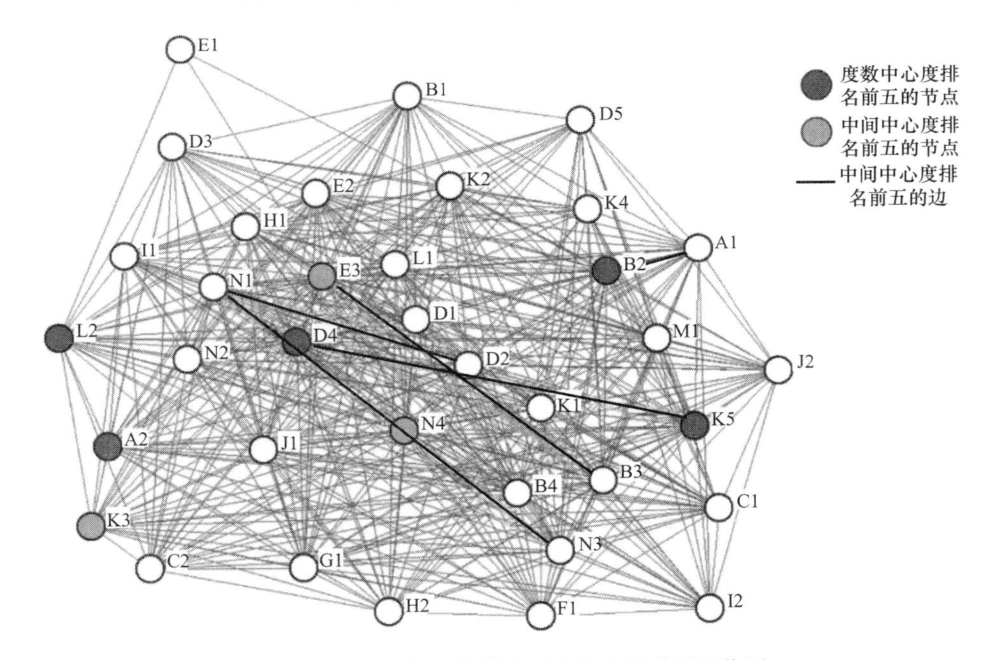

图 5.10　安全考评监管模式下事故致因关联网络图

严控准入监管模式下（图5.6）。(1) 与组织相关的事故致因是导致事故的关键因素。技能培训不充分（L1）、知识培训不充分（L2）和错过观察（A1）、管理问题（K3）的度数中心度和中间中心度都较大，说明这些事故致因对其他事故致因的影响性和对事故致因传播性具有重要的控制作用。严控准入监管模式主要审查企业的安全生产条件，以及对各种安全管理方案的制定情况。而知识和技能培训，以及隐患排查等工作则是日常安全管理工作的具体实施，这些是准入审查时无法审核的。因此，严控准入监管模式可以有效地控制由于计划方案和生产条件引发的事故，但是无法控制由于日常安全管理缺陷引发的事故。(2) 当工期紧张时，错过观察、技能培训不充分等事故致因的后果将更加严重。事故致因关联的中间中心度中错过观察—过分需求（A1-N1）的值最大，说明该关联关系对事故致因的网络传播的影响较大。在严控准入监管模式下，日常管理中的缺陷无法有效控制，尤其是在企业工期紧张时，安全生产容易被忽视，使错过观察的后果更加严重，即引发更多的事故致因。说明在严控准入的监管模式下，对施工过程监管的缺失，很多安全问题被忽视，容易导致事故发生，增强作业人员的隐患识别能力可以有效抑制事故的发生。

政策调节监管模式下（图5.7）。(1) 隐患排查的质量对事故发生具有重要作用。错过观察（A1）、诊断失败（B1）和错误辨识（A2）的中心度比较大。这些事故致因均体现在隐患排查的过程中。虽然很多建筑施工安全生产监管政策均强调加强隐患排查工作，但是多是对政府的隐患排查工作进行规范，对于企业的隐患排查工作的规制较少，并且也缺乏有效的措施监督企业隐患排查工作的实施。(2) 与人相关的事故致因是导致事故的关键因素。中间中心度较大的事故致因和事故致因关联多是与人有关，说明政策调节监管模式下，与人有关的事故致因对事故致因的传播起到了较强的“桥梁”作用。我国的建筑施工安全生产监管政策多是对企业行为的规范，而很少对作业人员的行为进行规制。但是事故的发生多数是由人的不安全行为导致的（Mohammadfam 等，2017）。加强对作业人员行为的规范是政策调节中需要进一步完善的条款。

隐患排查监管模式下（图5.8）。(1) 政府隐患排查中无法识别的隐患是导致事故发生的主要因素。比如，知识培训不充分（L2）的度数中心度和中间中心度均最大。知识培训不充分会导致个人安全意识薄弱，从而引发较多的事故致因。这里更多的是指作业人员的安全生产知识培训。建筑业的从业门槛较低，大量的现场作业人员没有经过必要的安全生产知识培训。这类事故隐患在政府的隐患排查过程中很难识别。从而导致知识培训不充分成为关键的事故致因。(2) 事故致因关联的中间中心度分析结果中，诊断失败-技术培训不充分（B1-L1）、错过观察-过分需求（C1-N1）、不注意—不规律的工作时间（D4-N4）和错过观察—

管理问题（A1-K3）的中间中心度较高。技术培训不充分、过分需求、不规律的工作时间、管理问题等均是持续性的事故致因，而诊断失败、错过观察、不注意等均是“偶发性”的事故致因，说明“持续性”事故致因和偶发性事故致因之间的关联关系对事故致因的网络传播具有重要影响（Turner 等，2010）。“持续性”事故致因是指事故致因可以长时间存在，与之相对应的是“偶发性”的事故致因，即事故致因的发生是短暂的。这与隐患的排查方式有关，间断性的隐患排查方式可以排查出某一时间截面上的事故致因，多数“偶发性”的事故致因则无法排查出。两类事故致因之间关联关系对事故致因的网络传播具有重要作用。

以罚促管监管模式下（图 5.9）。（1）与作业人员有关的事故致因是导致事故发生的关键因素。度数中心度和中间中心度较大的事故致因多与人有关，比如，错过观察（A1）、推理错误（B2）、认知方式（E2）、诊断错误（B1）等。说明在以罚促管监管模式下与人有关的事故致因对事故致因的网络结构和事故致因的网络传播具有重要作用。我国目前对建筑施工生产安全事故的处罚多是针对企业或企业管理者实施的，很少有针对作业人员的处罚，对作业人员的行为约束力较弱，施工过程更多地依靠作业人员自身的安全意识。（2）个人认知对事故发生的作用逐渐增强。关联关系中，管理问题—不完善的任务分配（K3-K5）的中间中心度最大，对事故致因的网络传播具有重要作用。由于事故的发生具有不确定性，该监管模式容易使企业产生机会主义思想，使个人产生侥幸行为，造成企业日常管理工作的混乱，从而使管理问题有关的关联成为关键的关联关系。

安全考评监管模式下（图 5.10）。（1）安全意识薄弱是引发事故的主要原因。推理错误（B2）、不注意（D4）、认知偏好（E3）错误辨识（A2）等由个人特质引发的事故致因的度数中心度和中间中心度均较大。安全考评的内容包括安全生产管理机构的建立、安全生产责任的分配、安全教育培训、安全生产方案制定和安全检查等。而由个人特质引发的事故致因均是安全考评过程中无法审核的内容。（2）企业的组织协调能力逐渐成为决定事故发生的重要因素。关联关系中过分需求—不充分的班组支持（N1-N3）的中间中心度最大。过分需求与企业经营行为有关。我国多数建筑施工项目面临着工期紧张的困境，企业通常会选择通过增加作业人员来解决该困境，然而建筑业工人短缺现状又进一步导致了不充分的班组支持。说明当企业面临着工期延误风险时，安全考评的激励作用将减小。安全考评通过将企业和项目的各项安全生产工作与安全管理标准的“对标”来对企业和项目进行评价，用以对比的指标通常都是一些可以量化和观察的指标。组织协调能力是一个综合指标，通常很难直接量化。同时，企业的组织协调能力的提高需要一个缓慢的过程，难以通过政府的指标考核得到快速提升。

5.4 研究结果讨论

5.4.1 各种监管模式的有效性评价

（1）严控准入监管模式在降低百亿产值事故率和百亿产值死亡率，降低事故的严重程度方面均有一定的效果，但是效果都有限。并且在降低事故致因之间关联性和凝聚度方面的效果也不明显。该模式在企业进入市场时对其进行严格的审核，保证企业具备一定的安全生产条件，这是保证建筑施工安全的基础。然而，生产安全事故的发生更多地与生产过程中的各方面因素相关，过程监管对保障建筑施工安全是必不可少的。

（2）政策调节监管模式对于降低事故的严重程度的效果比较好，并且政策调节监管模式下百亿产值事故率和百亿产值死亡率不断下降，且其有效性逐渐提高。然而其对事故致因的作用则较小。建筑施工安全政策的目的是规制企业行为，对企业构建安全的施工条件进行指导，对提高建筑施工安全状况是有效的，但是也应该意识到仅仅制定安全政策是不够的，需要相应的监管措施来保证政策得以实施。

（3）隐患排查监管模式在降低事故致因的关联性方面具有较为明显的作用，隐患排查监管模式下，事故致因的关联性和凝聚度，隐患之间的传递性都较低。在该监管模式下事故率和死亡率也比较低。安全隐患的存在是导致事故发生的最直接的原因，隐患排查有助于及时发现并整改隐患，从而抑制事故发生的效果也是最直接的。因此，在具备相应的条件的基础上，隐患排查的监管方式始终要作为政府重要的监管措施。但是由于隐患排查需要到现场去检查，所耗费的行政资源较大。受到排查频率的限制，隐患排查的监管模式虽然可以在一定程度上降低严重事故发生的概率，但是其效果是有限的。

（4）以罚促管监管模式下百亿产值事故率和百亿产值死亡率是最低的。然而该监管模式下比较容易发生严重的事故，造成 2 人及以上事故的发生概率是最高的。此外，事故致因之间的关联性和凝聚度，以及事故致因之间的传递性都比较高。该监管模式给企业以直接的威慑力，迫使企业降低事故的发生，直接效果明显，但是却没有从根本上改善企业的安全状况。该模式只关注后果，事故的发生是一个概率事件，这样会导致企业存在“侥幸”心理，出现“赌博”行为。并且也容易促使企业产生瞒报和谎报行为。

（5）安全考评监管模式在降低百亿产值事故率和百亿产值死亡率方面虽然效

果有限，但是随着市场的逐渐完善，企业管理水平的逐渐提高，安全考评监管模式下的百亿产值事故率和百亿产值死亡率逐渐呈现下降趋势，说明这些监管模式的有效性是逐渐上升的。在降低事故严重程度和事故致因的关联性方面该模式的效果较好。安全考评注重的是企业安全生产能力建设，可以从根本上提高施工现场的安全生产条件，避免发生严重的事故。

5.4.2 监管模式的作用机理分析

上述研究结果显示，不同监管模式的有效性具有较大的差异，无法简单以“好”与“坏”的标准评价。上述对监管模式的有效性分析结果揭示：

政府调控监管模式的效果与调控对象有关。不同的监管模式代表了政府的不同监管行为。政策调节监管模式和安全考评监管模式的调控对象是施工现场的安全生产条件和企业安全管理行为。这两种监管模式调控的对象涉及多个方面，调控范围广，需要高水平的人力资源和大量的安全管理成本支撑，加之企业的安全生产条件和企业安全管理行为的提高需要一定的过程。因此，政策调节和安全考评监管模式的调控效果具有一定的延迟，并不会达到立竿见影的效果。以罚促管监管模式是以企业施工过程中的违法行为和安全生产结果为调控对象，通过对企业的某些行为进行罚款，使企业感到不愉快，进而改正违法行为，产生负激励的作用。严控准入监管模式控制的是企业前期的安全生产能力和安全生产管理策划的合理性，然而，生产安全事故的发生通常是由于生产过程中的人的不安全行为导致（Mohammadfam，2017），因此，严控准入监管模式的实施效果并不太明显。隐患排查监管模式是对施工过程中的企业和个人行为进行控制，企业和个人的不安全行为是导致事故发生的直接因素，因此，隐患排查监管模式的直接效果最好。

政府调控的效果受到调控阶段的制约。各种监管模式所侧重的项目管理阶段不同，政策调节和安全考评监管模式侧重的是项目管理的全过程，以罚促管和隐患排查监管模式调控的是施工阶段的企业行为，严控准入监管模式调控的是项目策划阶段的企业安全生产能力。其中侧重于施工过程的监管模式，对降低事故的发生率和死亡率最有效，说明事故的发生通常是由施工过程中的不安全因素引发。侧重于策划阶段的监管模式，对事故率、死亡率、事故严重程度和事故致因虽均有一定规制效果，但影响效果并不明显。侧重于项目管理全过程的监管模式，对降低事故严重程度和抑制事故致因的网络传播性具有较好的效果。所以，单一的监管模式的作用是有限的，需要根据企业或项目的实际情况，对多种监管模式进行组合应用。

5.5 本章小结

为了克服监管模式有效性分析的局限性，本章依据中国 31 个地区 2017～2019 年的安全生产监管数据，将当前建筑施工安全生产监管分为严控准入、政策调节、以罚促管、隐患排查和安全考评五种基本模式。本章构建了结果导向的分析框架，通过分析监管的最终结果——事故，来分析不同的安全生产监管模式的有效性。通过对不同监管模式下的事故率、死亡率、事故严重程度和事故致因的对比分析，对各种监管模式进行了有效性评价。

第 6 章　基于合规分析范式的安全生产立法优化

前文已经阐述了立法对建筑施工生产安全事故的规制作用，证实了立法对建筑施工生产安全事故的发生率、死亡率、事故属性和事故致因均有不同程度的影响。事故致因被认为是预防事故发生最有效的作用对象。合规性分析常用来剖析企业或个人的行为是否符合法规的要求。本章的研究希望通过事故致因的合规性分析来评价法规的制定情况，找出立法不完全或没有覆盖的事故致因，进而为法律法规的优化提供建议。

6.1　基于 RIAAT 方法的合规性分析

6.1.1　RIAAT 方法概述

事故调查是认识事故、预防事故的基础。提高事故调查的质量一直是专家和学者探究的方向。很多研究者都试图对事故调查过程进行规范，Jacinto 和 Aspinwall（2003，2004）提出了一种名为 WAIT 的事故调查方法，通过将事故调查过程模式化，由此提供一个系统的、结构化的、易于应用的事故调查模型。在该方法的基础上，Jacinto 等于 2011 年提出了一种新的调查生产安全事故的方法——RIAAT（记录、调查和分析工作过程中的事故）。RIAAT 方法的分析过程可以分为四个阶段，如图 6.1 所示。第一阶段记录事故发生的基本情况；第二阶段调查事故的直接原因和间接原因；第三阶段是提出改进措施，纠正存在的缺陷；第四阶段则是总结经验教训，旨在实现自主学习和持续改进。RIAAT 方法的应用过程强调深入分析引发事故的原因，识别组织管理中存在的缺陷，以确定改进组织安全管理实践和政府立法的方向。该方

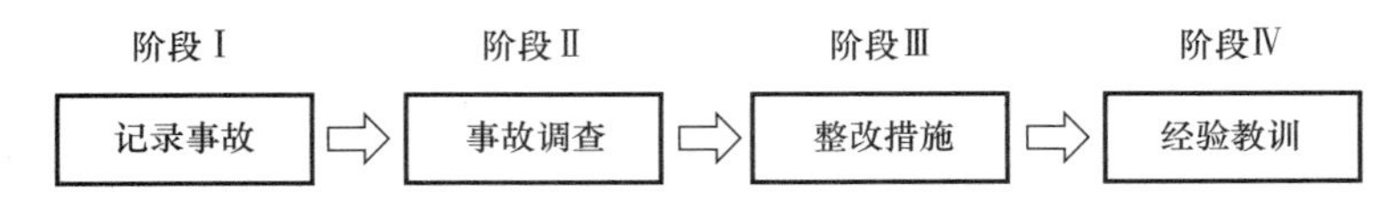

图 6.1　RIAAT 方法的分析过程

法的优势在于注重对事故经验和教训总结，实现了事故信息的反馈与循环。

理论研究方面，尽管已有较为完善的事故调查模型和理论，但在有关分析过程中很少讨论立法对安全生产的影响。根据政府调控理论，安全和立法力度之间存在相关关系，立法的目的是保障安全，而安全状态可以为立法提供依据。因此，需要将事故致因与适用的法律交叉连接起来。而这一目标只有在事故调查过程中，为行为寻找法律依据的情况下才能实现。这一步骤在帮助企业识别违法行为的同时，也可以帮助政府发现立法盲点。

实践应用方面，生产安全事故报告和调查处理制度是我国一项重要的安全生产管理制度。2007年我国颁布实施了《生产安全事故报告和调查处理条例》，对事故调查处理过程进行了规范，然而该条例主要是对事故调查的实施主体及其行为进行明确界定，虽然规范了事故调查报告的内容，但是合规性检查是缺失的，导致在事故调查的实践中，专家和学者注重识别事故致因，而忽视了合规性调查。

RIAAT是为组织层面的应用而开发的，而本书则是从政府调控角度出发，研究结论是为政府立法提供依据。因此，本书对RIAAT分析方法进行了改进，期望克服安全生产合规性分析在理论研究和实践应用方面的缺陷。

6.1.2　本书事故致因合规性分析的框架

本书直接采用了由建筑施工企业安全生产管理专家编写的事故调查报告，着重分析了事故致因的合规性，目的不仅在于分析事故原因，而且要分析事故致因的合规性。最终实现查明和评估立法缺陷的目的，并以规范所有不安全因素为目标，提出立法优化建议。考虑到本书在现有事故调查报告的基础上进行合规性分析，因此本书主要按照以下步骤进行（图6.2）。首先，本书从第3章的事故记录

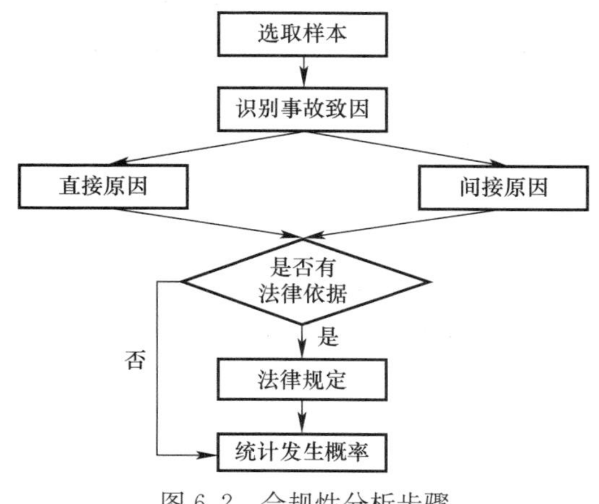

图6.2　合规性分析步骤

中筛选出事故调查报告。接着，识别事故调查报告中的直接原因和间接原因，包括事故致因及其具体描述。然后，进行合规分析，这个步骤也是本章的重点。先判断调查报告中是否有法律依据，如果有列出详细的法规及其条文，如果没有则跳过该步骤，直接进行最后一步，统计分析各事故致因的发生概率。

6.2 分析事故致因

6.2.1 筛选事故调查报告

在第 3.3.1 节收集的事故记录中，有些是简单的事故描述，有些则是详细的事故调查报告，其中事故调查报告共 1443 份。本书的分析对象是事故调查报告中专家给出的具体的事故致因，因此本书选择对这 1443 份事故调查报告进行分析，并统计了各类型事故的调查报告的数量及占比情况（表 6.1）。其中，一般事故的事故调查报告数量最多，为 1341 份，而特别重大事故的调查报告只有 1 份，是 2016 年发布的江西丰城发电厂“11·24”冷却塔施工平台坍塌特别重大事故调查报告。

合规分析选取的样本 **表 6.1**

事故类型	报告数量	百分比
一般事故	1341	92.93%
较大事故	75	5.20%
重大事故	26	1.80%
特别重大事故	1	0.07%
合计	1443	100.00%

6.2.2 分析事故致因及其发生概率

上述 4.2.1 完成了对事故致因的识别过程。本节在第 4.2.1 节识别的事故致因的基础上，进一步分析了事故致因的发生概率 P。计算方式如公式 6.1 所示，其中 P_i 是事故致因 i 的概率，N_i 是事故致因 i 出现的次数。表 6.2 是统计的各事故致因及其发生概率。值得注意的是，由于在同一个事故中可能出现多个事故致因，因此各事故致因发生概率的合计大于 1。

$$P_i = \frac{N_i}{1443} \tag{6.1}$$

事故致因及其概率　　表 6.2

类型	编码	事故致因	概率	类型	编码	事故致因	概率
与人有关	A1	错过观察	69%	与设备有关	H1	操作受限制	25%
	A2	错误辨识	53%		H2	信息模糊或不全	18%
	B1	诊断失败	41%		I1	操作不可行	43%
	B2	推理错误	37%		I2	标记错误	11%
	B3	决策失误	34%	与组织有关	J1	通信联络失败	11%
	B4	延迟解释	8%		J2	信息丢失或错误	18%
	C1	不适当的计划	39%		K1	安全设施不完善	31%
	C2	计划目标错误	28%		K2	不完善的质量控制	88%
	D1	记忆错误	18%		K3	管理问题	92%
	D2	分心	25%		K4	设计失败	25%
	D3	绩效波动	14%		K5	不完善的任务分配	49%
	D4	不注意	49%		L1	技能培训不充分	69%
	D5	生理/心理紧张	4%		L2	知识培训不充分	72%
	E1	功能性缺陷	2%		M1	不良的周围环境	7%
	E2	认知方式	28%		N1	过分需求	44%
	E3	认知偏好	41%		N2	不适当的工作地点	41%
与设备有关	F1	设备失效	23%		N3	不充分的班组支持	64%
	G1	不完善的规程	46%		N4	不规律的工作时间	55%

6.3　事故致因的合规性分析

6.3.1　合规性分析过程

为了分析事故致因是否有相应的安全生产法律法规进行规制，本书设置了以下研究问题，合规分析也按照这 4 个问题的顺序依次展开，图 6.3 展示了合规分析过程。

问题 1：事故的类型是什么？

问题 2：事故致因是直接原因还是间接原因？

问题 3：事故调查报告中是否引用法律法规条文？

问题 4：事故致因对应的法律法规及条文是什么？

分析过程中的事故类型是指按照《生产安全事故报告和调查处理条例》中事故严重程度划分的四个事故类型。直接原因和间接原因的分析，在事故调查组给出事故调查报告时会根据调查的实际情况作出事故原因的判断。现有研究的合规分析主要应用于事故调查过程中，通过分析事故发生过程来判断其中的违规现象。本书中的合规分析则主要应用于对事故致因的法律法规适用情况分析，即事故调查报告中对事故致因的分析是否引用了法律法规，甚至更具体的法律法规条文。最后输出各类事故和各种事故致因的合规分析结果。表 6.3 对“吴江区太湖新城金茂中心工地‘3.2’起重伤害事故调查报告”合规分析的结果。

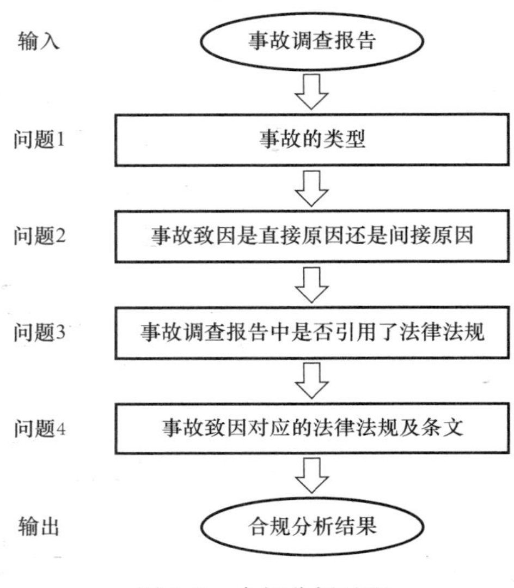

图 6.3　合规分析过程

事故致因合规分析示例　　**表 6.3**

报告名称	事故类型	事故致因	具体致因	直接原因/间接原因	是否引用法律法规	法律法规	条文规定
吴江区太湖新城金茂中心工地“3·2”起重伤害事故调查报告	重大事故	设备失效	吊索钢丝绳失效断裂	直接原因	否	—	—
		不完善的规程	未对施工方案进行审核签字	间接原因	是	危险性较大的分部分项工程安全管理规定	第十一条 专项施工方案应当由施工单位技术负责人审核签字、加盖单位公章，并由总监理工程师审查签字、加盖执业印章后方可实施
		技能培训不充分	未对员工组织过绳索吊具使用、保养等方面的培训	间接原因	是	建筑法	第四十六条 建筑施工企业应当建立健全劳动安全生产教育培训制度，加强对职工安全生产的教育培训；未经安全生产教育培训的人员，不得上岗作业

续表

报告名称	事故类型	事故致因	具体致因	直接原因/间接原因	是否引用法律法规	法律法规	条文规定
吴江区太湖新城金茂中心工地“3.2”起重伤害事故调查报告	重大事故	不完善的任务分配	未向现场管理人员和作业人员进行方案交底和安全技术交底	间接原因	是	危险性较大的分部分项工程安全管理规定	第十五条 专项施工方案实施前，编制人员或者项目技术负责人应当向施工现场管理人员进行方案交底

6.3.2　不同类型事故的合规分析结果

首先，本书分析了各类型事故的合规率，即各类型事故的调查报告中有合规分析的比例，结果如图 6.4 所示。

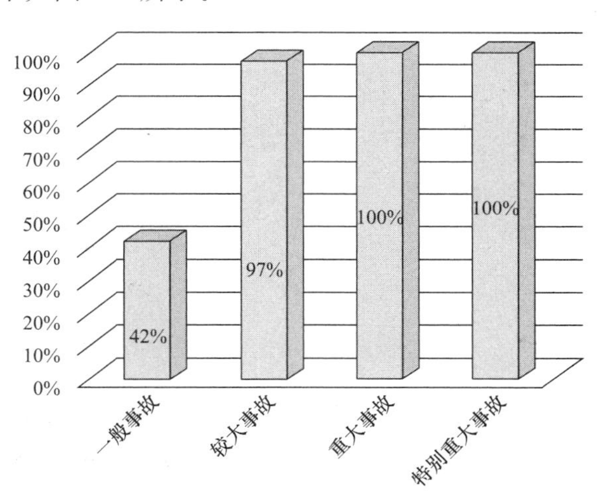

图 6.4　不同类型事故调查报告的合规率

图 6.4 的结果显示，一般事故的调查报告中只有 42％的事故调查报告中给出了具体的法律法规依据，而 58％的事故调查报告没有给出法律法规依据。通过进一步分析发现，一般事故调查通常由企业自己组织人员调查，并给出事故调查报告。由于调查人员的能力和文化水平的差异，调查报告的质量参差不齐，并且，一般事故调查过程和调查报告内容的要求相对比较低。因此，有些一般事故调查报告中绝大多数情况下，未引用具体的法规条文，笼统地概括为违反了某部

法律法规。而特别重大事故由国务院或者国务院授权有关部门组织调查，重大事故由省级人民政府组织调查，较大事故由设区的市级人民政府组织调查。说明事故越严重，则对事故调查过程的要求越严格，事故调查报告的书写越规范，调查报告的合规分析比例越大。

6.3.3 不同类型事故致因的合规分析结果

事故致因重要性的评价一般从直接原因和间接原因、事故致因发生概率、事故致因的网络结构重要性三个方面进行。因此，本书事故致因的合规分析结果分三个层次进行：直接原因和间接原因的合规情况分析、不同发生概率的事故致因合规情况分析，以及不同地位中心度的事故致因的合规情况分析。

（1）直接原因和间接原因的合规情况

本书统计了直接原因和间接原因的合规分析比例。同一个事故致因在不同的事故中的类型可能存在差异，比如在某事故中是直接原因，而在某些事故中是间接原因。调查报告中对不同的事故致因类型的合规分析程度不同。各类型事故致因合规分析的比例见图 6.5。

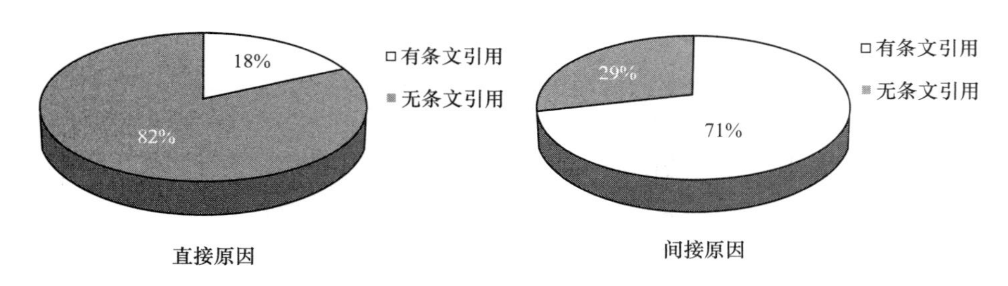

图 6.5　不同类型事故致因的合规分析比例

图 6.5 的结果说明在事故调查报告中，只有 18%的直接原因进行了合规分析，而间接原因中进行合规分析的比例为 71%。说明间接原因合规分析的比例远大于直接原因。深入分析发现，直接原因通常与人或设备有关，而间接原因多与组织有关。我国目前安全生产法律法规多是对企业安全管理过程或行为的规范，而对与人有关的事故致因，比如错过观察、不注意、决策失误等却没有相关的法律法规条文可借鉴。

（2）不同发生概率事故致因的合规情况

传统的事故致因评价方法中根据事故致因的发生概率对事故致因进行重要性排序，事故致因的发生概率越大，则越重要。为了进一步分析各事故致因是否有法律依据，本书分析了各事故致因的法律条文的引用情况，结果如表 6.4

所示。

事故致因的发生概率及其合规情况 表 6.4

编码	事故致因	概率	法律条文依据	编码	事故致因	概率	法律条文依据
A1	错过观察	69%	√	H1	操作受限制	25%	—
A2	错误辨识	53%	√	H2	信息模糊或不全	18%	√
B1	诊断失败	41%	—	I1	操作不可行	43%	—
B2	推理错误	37%	—	I2	标记错误	11%	√
B3	决策失误	34%	—	J1	通信联络失败	11%	—
B4	延迟解释	8%	√	J2	信息丢失或错误	18%	—
C1	不适当的计划	39%	√	K1	安全设施不完善	31%	√
C2	计划目标错误	28%	√	K2	不完善的质量控制	88%	√
D1	记忆错误	18%	—	K3	管理问题	92%	√
D2	分心	25%	—	K4	设计失败	25%	√
D3	绩效波动	14%	—	K5	不完善的任务分配	49%	√
D4	不注意	49%	—	L1	技能培训不充分	69%	√
D5	生理/心理紧张	4%	—	L2	知识培训不充分	72%	√
E1	功能性缺陷	2%	√	M1	不良的周围环境	7%	√
E2	认知方式	28%	—	N1	过分需求	44%	—
E3	认知偏好	41%	—	N2	不适当的工作地点	41%	√
F1	设备失效	23%	—	N3	不充分的班组支持	64%	—
G1	不完善的规程	46%	√	N4	不规律的工作时间	55%	√

表 6.4 的结果显示，多数概率较大的事故致因有法律条文为依据，只有少部分发生概率较大的事故致因没有法律条文为依据。比如诊断失败（41%）、不注意（49%）、不充分的班组支持（64%）等。其中，与组织有关的事故致因中除了不充分的班组支持和过分需求外，其他的事故致因均具有对应的法律条文对其进行规范。而与人有关和与设备有关的关键事故致因则多数是没有法律条文为依据的。这与监管模式分析结果相符合，由于相关的法律法规没有对其进行规范，造成了这类事故致因监管的缺失。

（3）不同地位中心对事故致因的合规分析

本节我们依据前述事故致因提取的结果，采用同样的分析过程，对 1443 份事故调查报告中的事故致因构建了事故致因关联网络，并计算了每个事故致因的地位中心度，分析结果如表 6.5 所示。

事故致因的地位中心度及其合规情况　　表 6.5

编码	事故致因	地位中心度	法规条文依据	编码	事故致因	地位中心度	法规条文依据
A1	错过观察	148.76	√	H1	操作受限制	14.57	—
A2	错误辨识	132.84	√	H2	信息模糊或不全	45.98	√
B1	诊断失败	108.26	—	I1	操作不可行	28.08	—
B2	推理错误	101.08	—	I2	标记错误	34.41	√
B3	决策失误	85.74	—	J1	通信联络失败	59.63	—
B4	延迟解释	14.25	√	J2	信息丢失或错误	31.99	—
C1	不适当的计划	44.81	√	K1	安全设施不完善	56.06	√
C2	计划目标错误	14.27	√	K2	不完善的质量控制	54.69	√
D1	记忆错误	55.28	—	K3	管理问题	201.48	√
D2	分心	71.42	—	K4	设计失败	76.34	√
D3	绩效波动	65.66	—	K5	不完善的任务分配	85.71	√
D4	不注意	100.85	—	L1	技能培训不充分	185.57	√
D5	生理/心理紧张	57.14	—	L2	知识培训不充分	171.42	√
E1	功能性缺陷	71.34	√	M1	不良的周围环境	42.85	√
E2	认知方式	42.68	—	N1	过分需求	42.14	—
E3	认知偏好	71.19	—	N2	不适当的工作地点	28.88	√
F1	设备失效	60.05	—	N3	不充分的班组支持	57.49	—
G1	不完善的规程	57.84	√	N4	不规律的工作时间	71.42	√

表 6.5 的结果表明，多数与人有关的事故致因缺乏法律法规的规制。这些事故致因在事故致因网络中具有重要的结构地位，在事故致因的级联触发过程中具有重要的作用，也被视为是关键的事故致因，需要重点管控。加强这部分事故致因的规制能够较好地抑制事故致因的级联触发。

我们进一步地将地位中心度和事故发生概率的合规分析进行了结合。图 6.6 是将地位中心度和发生概率结合后得到的综合分析图。图中横坐标轴是事故致因的发生概率，纵坐标轴是事故致因的地位中心度，我们假设事故发生概率大于 30％时为高概率事故致因，事故致因的地位中心度的值大于 100 为事故致因网络的关键节点，将得到的第Ⅰ象限中的事故致因统称为关键事故致因。

图 6.6 的结果显示，多数关键事故致因有具体的法律法规进行规制，但仍然有少部分关键事故致因比如 B1（诊断失败）、B2（推理错误）、B3（决策失误）和 D4（不注意）缺乏法律法规的规制。在法律法规中加强对这些关键事故致因

的规制，将有助于抑制事故的发生，并降低事故法规的严重程度。

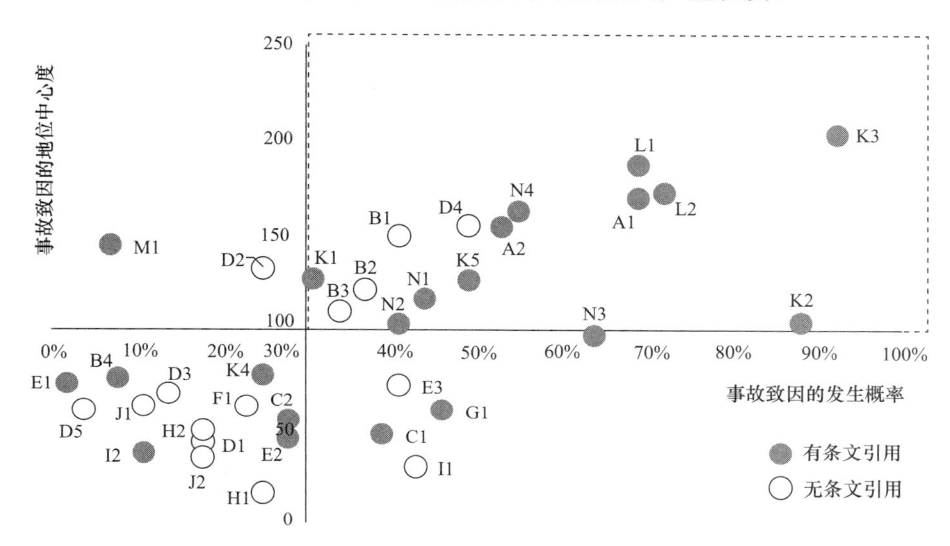

图 6.6　事故致因合规分析坐标图

6.4　立法优化建议

事故致因是否有法律法规条文对其进行规范，直接关系到企业管理和政府监管的方向。通过对上述事故致因的合规分析，本书认为建筑施工安全生产立法优化需要从以下几个方面努力。

(1) 整合法规以实现法规的一体化建设

分析结果显示，有些事故致因没有被法律法规覆盖，而有些事故致因则存在重复立法的现象，尤其是关于管理和培训问题的规定。我国建筑施工安全生产相关的法律法规的立法数量较多。在有些地区甚至超过了 300 多部。然而这些法规存在重复立法的现象，针对同一个事故致因，中央对多部法规进行了规范，并且地方政府也对其进行了规范。因此整合中央和地方法规实现安全生产立法的一体化，是提高建筑施工安全生产立法有效性的一个重要方面。

(2) 增强对作业人员的安全意识主动化的培育

“意识主动化”的政府安全生产调控策略，是指通过提高企业和工人安全防护的主动性来提高安全生产状况。分析结果显示，有 39%的事故的发生是由作业人员不注意导致的，也有 41%的事故是由于作业人员倾向于赌博，认为某些不安全行为不会导致事故，即认知偏好。而这部分事故致因都是法律法规没有覆盖的灰色区域，因此在法规中增强对作业人员意识主动化的培育，提高作业人员的安全意识，可以有效抑制建筑施工生产安全事故的发生。

（3）针对与人有关的直接原因进行规范

强化对作业人员行为的详细规定。分析结果表明，建筑施工生产安全事故发生的重要原因之一是人的不安全行为。与人有关的事故致因通常是事故发生的直接原因，而与组织有关的原因通常是间接原因。我国目前广泛而详细的安全生产法律法规多是对组织行为这些间接原因的规范，很少对与人有关的直接原因进行规范。因此，在立法中增强对人的行为的规范，将进一步提高建筑施工安全生产的水平。

（4）增强对技能培训的重视

进一步明确安全生产培训中技能培训的主体地位。分析结果显示，导致工人的不安全行为的一个重要原因是培训不充分，对员工的培训分为知识培训和技能培训，而我国目前法规中对安全生产知识培训的规定较为详细，而对技能培训的规定较为笼统。工人技能素质偏低是我国建筑产业工人队伍的现状。增强对工人技能培训的规范，在提高工人技能的同时，也有助于工人安全知识的提高。

6.5 本章小结

制定有效的建筑施工安全生产法律法规不仅可以指导建筑施工活动，还可以控制事故致因，抑制事故的发生。本章对事故致因的合规分析，目的是进一步为法规的优化提供建议。本章分别分析了不同事故类型、不同事故致因类型、不同发生概率的事故致因，以及不同地位中心度的事故致因的合规比例。最后，根据合规分析的结果，提出了我国建筑施工安全生产法律法规的优化建议，为国家法律法规的修订提供依据。

第7章　基于事故预测模型的政府监管机制创新

安全生产专家和学者近年来开始试图改变政府调控策略，利用事故的预测和预警，变被动的事故应急为主动的事故预防，灵活运用监管模式，创新政府监管机制。在建筑施工安全生产的政府调控过程中，监管者都希望做到“防微杜渐”和“防患于未然”，即实施前瞻性的超前管理，在事故发生之前就很好地对事故进行预测，并采取有效应对措施，将管理的重点放在预防事故发生而不是事故发生后的应急处置。强化事故预测和预警理论和方法应用，提高政府监管的前置性，是提高建筑施工安全生产调控科学化水平的核心，也是政府调控机制创新的基础。现有的研究展示了根据既有的安全监管数据和事故数据对建筑施工生产安全事故的发生进行预测的可能性。考虑到事故预测在建筑施工安全生产调控中的重要作用、提高建筑施工安全生产调控有效性的需要以及缺乏准确的、可实施的预测模型的现实，本章基于安全监管指标的可实施性，在专家访谈的基础上，试图选取具有决策支持功能的监管指标，并尝试利用大量的、客观的数据，运用机器学习预测算法，构建事故预测模型对建筑业事故率和死亡率进行预测。目的是结合政府监管模式有效性分析的结果，设计一套基于事故预测结果的动态监管机制和主动监管模式。

7.1　事故预测的原理和方法

7.1.1　事故预测原理

事故预测是指运用统计学方法，对大量的生产安全事故数据进行归纳、分析、计算和推断，建立一种定量的事故预测模型，从而掌握未来时间内事故发生的趋势，以便采取有针对的措施进行事故预防（尹柯和蒋军成，2012）。事故预测的原理是依据事故所具有的偶然性和再现性的特点，寻找事故发生的规律性（于殿宝，2007）。事故是一种随机现象，是在当时的客观环境、物质状态、一定的管理水平与人员的素质等基础上产生的。对于个别事故案例的考察具有不确定性，但是对于大多数事故则表现出一定的规律性。事故预测模型就是在大量事故案例的基础上，去寻找这种事故的规律性，以达到对事故的准确预测。

传统的事故预测方法分为定性预测方法和定量预测方法。定性预测法以定性分析为主，包括情景预测法、影响评价法等。这类方法主要依靠预测者的经验、知识及综合判断能力，受主观因素影响大，适用于影响因素多且复杂，结果或行为难以量化的事故预测（冯春山等，2004）。定量预测方法建立在以往的数据以及相关信息的基础上，通过构建定量的事故预测模型来完成对结果的推演，准确性较高（王姝和柴建设，2008）。预测者将自身所拥有的资料、数据以及信息通过科学的方法进行计算和分析，将其中所蕴含的变量以及各变量之间的关系揭示出来，以判断事物在以后的发展趋势或者可能的结果（杨灿生等，2011；郑小平等，2008）。

传统的定量事故预测方法运用统计学方法构建线性的事故预测模型，预测未来时间内事故发生的数量或趋势。然而，影响事故发生的因素是多样的，他们之间存在复杂的线性和非线性关系，随着安全生产系统复杂性的增加（郑小平等，2008），传统的线性分析方法的准确性已无法满足需求。

机器学习方法是研究怎样使用计算机模拟或实现人类学习活动的科学。机器学习包括三个基本要素：数据、模型、算法，算法通过在数据上进行运算产生模型（周志华，2016）。常见的机器学习的预测算法有随机森林、神经网络、C&RT 等，运用这些算法生成相应的预测模型。机器学习的预测算法由于具有很强的非线性问题处理能力逐渐被应用于安全科学领域，其中应用较多的是交通事故、航空事故的预测。比如，Yannis 等（2010）对欧洲 7 个国家 1300 个重大交通事故样本进行分析，采用逐步逻辑回归模型，分析了随着事故时间、路面状况、地区（城市或农村）、驾驶员年龄、车辆类型等指标的变化，事故发生概率的变化。Yeoum 等（2013）提取了韩国空军 30 年的事故记录，并使用人工神经网络和逻辑回归模型开发了一个航空事故预测模型。

但是，在机器学习预测算法中，预测的结果变量和预测变量不同时，适用的预测模型也不同。现有的关于建筑业事故预测的研究多是从企业安全管理的角度，选择影响事故发生的因素作为预测变量，建立合适的预测模型来对事故的发生进行预测。或者是从生产过程的角度，根据安全生产相关的风险来预测生产过程发生事故的可能性。如果从政府安全监管的角度去预测事故的发生，则需要重新选择合适的预测变量，建立相应的预测模型。

7.1.2 建筑施工生产安全事故预测的方法

目前建筑业的事故预测研究按照预测输出内容划分主要有三类：事故发展趋势预测、事故发生概率预测和基于安全管理因素的事故发生情况的预测。

（1）基于时间序列数据的事故发展趋势的预测

事故发展趋势的预测目前在国内建筑业事故预测研究中最为常见，主要是基于过去一段时期的事故数据对未来事故的发展趋势进行预测。常用的预测模型包括灰色预测模型和马尔可夫预测模型。灰色预测模型是一种对含有不确定因素的系统进行预测的方法。该方法建立在灰色系统理论基础上，根据过去几年的事故数据，预测未来事故的发展趋势。比如索丰平（2007）根据某施工企业近八年来的百万工时的事故次数建立了 *G*（1，1）预测模型对未来 5 年内的事故发生情况进行预测。由于事故的发生具有周期性和随季节变化的特性，后续的研究中，研究者开始将季节因素考虑在内，使预测的精度进一步提高（胡鹰等，2014；闫亚庆，2014）。刘红艳和苏曼曼（2011）则以建筑施工过程中频发的坍塌事故为研究对象，将灰色 GM（1，1）模型与马尔柯夫预测模型相结合，构建坍塌事故的灰色马尔柯夫预测模型，并以我国三级以上建筑工程坍塌事故统计数据为基础，对我国坍塌事故进行趋势分析和状态预测。也有研究者运用机器学习预测算法构建事故预测模型对事故的发生趋势进行预测，比如钟燕华（2018）采用 PSO－LSSVM 预测方法对事故的发展趋势进行了预测。但是，事故的发生具有一定的随机性，事故发展趋势的预测仅仅有助于管理者对未来年份的事故数量和死亡人数有一个大致的把握，却无法提取可行的决策规则，对施工管理的指导作用较差。

（2）基于风险管理理论的事故发生可能性的预测

事故发生可能性的预测有两种形式：

1）基于风险状态的事故发生可能性预测

基于风险状态的事故发生可能性预测的研究过程通常是选择一些风险因素，然后通过预测风险因素的发生概率和后果严重程度等指标来预测事故发生的可能性和严重程度。比如，Lee 等（2003）通过专家选择了一些安全因素，然后根据这些安全因素的 C（状态）、F（发生频率）、AC（后果）、R（引发事故的可能性）等的评分来进行事故发生可能性的预测。Jin 等（2020）收集某武汉地铁建设项目中 2011～2015 年 1124 个近脱靶数据，并利用马尔可夫模型对事故发生的可能性进行预测。类似的研究还有 Andolfoa 和 Sadeghpourb（2015），他们通过监测移动物体的状态来预测事故发生的可能性，可以用来监测建筑施工现场的作业，以减少伤亡人数。这种预测方法通过构建接近预警系统来预测事故发生的可能性（Luo 等，2016），当前这类研究已经在实践中得到了应用。物体之间的相对位置是衡量物的不安全状态的其中一个方面，导致事故发生的因素还有人的不安全行为和管理的不完善，这类研究只能对个别类型的事故进行预测。并且这类方法需要在施工现场安装大量的感应器等设备，极大地增加了施工成本。因此，在施工安全管理中并没有得到普遍应用。

2）基于事故致因模型对事故发生可能性的预测

故障树分析、贝叶斯网络分析等方法均是基于事故致因模型对事故的发生可能性进行预测，比如 Mistikoglu 等（2015）和 Nguyen 等（2016）的研究。这类方法的预测都有一定的针对性，需要首先选择预测对象，对象可以是某个类型的事故，比如高处坠落事故、触电事故、火灾事故等，或者是某个作业类型，比如脚手架作业、浇筑作业等。选择了预测对象之后要进行事故致因识别，识别导致事故发生的相关因素，之后根据一定的预测模型对事故的发生进行预测，进而在事故致因传递的可能途径中采取措施消除其中一个或多个致因，最终实现抑制事故发生的目的。这种方法能够清晰地表示出不同事故致因之间的不确定性关系，从而得到该概率性事件的最终结果。Heinrich（1941）认为“当一个企业有 300 起隐患或违章，非常可能要发生 29 起轻伤或故障，另外还有一起重伤、死亡事故。”说明导致事故发生的事故致因大量存在。分析某事故的发生概率需要对约 300 个事故致因进行分析。该方法在实际操作中的难度比较大，并且各因素的发生概率需要专家根据自身经验进行预测，这种方式很可能由于遗漏事故致因、事故致因关联特征而导致研究结果失真。

（3）基于安全管理因素的事故发生情况的预测

事故的发生情况包括亿元产值死亡率、亿元产值事故率、百万工时死亡率以及百万工时事故率等。有些研究者不再执着于事故致因模型，而是从影响事故发生的因素出发，从人为因素、机械因素、管理因素、环境因素等方面识别导致事故发生的因素。对这些因素设立一定的评分规则，由专家依据经验对这些因素进行打分，之后以这些因素为输入变量，以事故的发生情况为输出变量建立预测模型。

该研究领域中近两年迅速发展起来的是机器学习预测算法。比如，李书全和窦艳杰（2008）从人为因素、机械因素、管理因素、环境因素和文化因素 5 个层面识别了一系列衡量建筑工程项目现场施工安全水平的指标的集合。建立了一种基于粗糙集一支持向量机（RS-SVM）的建筑生产安全事故预测模型。该研究的一个重要缺陷是模型的指标数量较多，共有 32 个指标，并且该模型的指标统计数据很多都是基于专家经验确定的，受主观影响大。

类似的研究还有 Kanga 和 Ryub（2019）利用特征重要性提取了年龄、事故类型、伤害类型、工作类型和不安全状态等影响施工现场职业事故类型的 54 个因素作为变量，利用机器学习算法，建立了一个随机森林模型来分类和预测职业事故类型。但是该研究有以下缺陷：（1）指标体系中各指标的值有些是连续变量，有些则是非连续变量，影响预测的精度。（2）预测准确性受数据统计人员的主观影响较大，比如不安全状态和不安全行为等变量的评分。（3）在工程项目上的可操作性比较差，因为有些指标需要为了预测而专门进行测量。此外，Tixier等（2016）也做了相近似的研究，他们的研究存在一个共同的缺陷，都需要为了预测事故而专门测量一些数据，数据的确定对专家经验的依赖性较大，降低了研究结果的可信度和可操作性。

7.2 基于机器学习算法的事故预测框架的构建

运用机器学习算法构建事故预测模型之前需要明确三个问题：（1）结果变量是什么；（2）预测变量有哪些；（3）研究的应用对象。

预测的结果变量。预测的结果变量也就是预测模型的输出。机器学习预测算法所构建的模型的输出可以是连续值，比如事故的数量、事故损失，也可以是离散的标量值，比如伤害部位、严重程度。目前建筑施工生产安全事故预测的结果变量主要有四类：事故发生可能性、事故数量、事故类型和事故严重程度，事故严重程度包括事故伤亡情况和财产损失情况。其中事故发生可能性既可以是判断事故是否发生的分类数据，也可以是事故发生概率的连续性数值。

预测的指标。预测变量是预测模型的输入变量。预测变量根据预测结果变量来确定。比如，对事故发展趋势预测时，预测变量是过去一段时期的事故数量和伤亡人数。对事故发生概率预测时，预测变量是导致事故发生的事故因素。这类方法能够清晰地表示出不同影响因素之间的不确定性关系，从而得到概率性事件的最终结果。

研究的应用对象。研究的应用对象决定了预测的结果变量和预测变量。有些事故预测的研究用于生产过程的安全生产管理，比如Zaranezhad等（2019）的研究应用于炼油厂维修阶段的事故预防。有些研究的应用对象是政府安全监管。比如事故发展趋势的预测，通过预测全国事故发生数量把握事故的发展趋势，提前做出一些预防规划。在明确了这三个问题的基础上本书进行了变量选取和模型选择。

7.2.1 变量选取

变量包括两种：输出变量（结果变量）和输入变量（预测变量）。本书的目的是对地区的事故发生情况进行预测。地区间建筑业产值不同，施工项目数量也不同，为了使不同地区间的安全状况具有可比性，本书将亿元产值事故率和亿元产值死亡率作为结果变量。

本书提出了预测变量指标化理论。也就是用一些建筑业客观存在的安全管理相关统计指标作为预测变量，构建预测模型。由于住房和城乡建设部是建筑施工安全生产的主要监管部门，因此本书以住房和城乡建设部的监管行为为分析对象。2017 年住房和城乡建设部要求各地区按季度报送工程安全提升行动进展情况，要求报送的统计数据包括监督执法检查次数、检查工程数量、实施行政处罚的企业数量等 16 个监管指标。此外，建筑产业工人实名制平台、建筑业安全事故上报系统和建筑业企业信用评价系统等也搜集和存储了 12 个安全监管相关的统计指标。排除了一些没有全国统一统计数据的指标，比如签订劳务合同的数量等，共剩余 19 个指标。本书选取了 6 位专家，分别来自住房和城乡建设部、省级住房和城乡建设厅、建筑企业的安全管理部门，他们从事安全管理工作的年限不低于 5 年，其中 1 位是中国建筑集团公司的安全主管，从事安全管理工作 20 年。邀请他们为 19 个指标打分，评估这些指标对安全监管的重要程度，满分 5 分。之后计算每个指标的平均得分，选取了得分排序前 50%的指标作为预测变量。表 7.1 是选取的预测变量及其定义。

预测变量及其定义　　表 7.1

预测变量	指标的定义和获取
企业不良信用记录	各地区建立了建筑施工安全诚信体系，瞒报、谎报事故和安全检查等行为将会被记录
参加安全培训的人数	各建筑企业定期开展安全培训，并在建筑产业工人实名制平台上记录参加培训的工人的基本信息
企业排查的安全隐患数量	各地区的建筑企业开展日检查、周检查、月检查，记录并上报检查到的安全隐患
企业整改的安全隐患数量	对于检查到的安全隐患，要求企业形成整改单，按要求对隐患整改，记录并上报隐患整改情况
政府排查的安全隐患数量	建设管理部门的安全检查人员，每月会抽取部分的项目进行安全隐患检查，记录并上报检查到的安全隐患
政府整改的安全隐患数量	建设管理部门每次安全检查之后会形成安全隐患整改单，并且要求企业整改，并将整改情况上报建设管理部门
查处的违规行为数量	未编制或论证专项施工方案、未按专项施工方案施工等违反安全生产法律法规的行为
处罚的违法企业数量	建设管理部门处罚的违反安全生产管理法律法规的企业的数量
处罚的违法个人数量	建设管理部门处罚的违反安全生产管理法律法规的个人
GDP	各地区的国内生产总值

7.2.2　模型选择

机器学习预测算法在事故预测方面的实用性已经在多个研究中得到证实。机器学习预测算法有多种，各种算法的适用性不同，有些特殊的问题需要单独根据预测数据和对象的特征而编写。当然也有一些比较成熟的算法，可以直接根据数据的特征生成相应的预测模型。建筑施工生产安全事故是典型的多因素复合灾害事故。且存在统计数据少、数据波动性大等特点。考虑到这些特性，本书选择分类回归树、支持向量机、神经网络、卡方自动交互检测方法、线性回归、广义线性回归 6 种经典的算法。

分类回归树（C&RT）是决策树模型的一种，当数据集存在缺失值，且变量数多的时候，该模型较为稳健。并且该模型的规则比较容易理解，可解释性强。支持向量机比较适用于小样本和非线性情况下的事故预测模型的构建。神经网络又称为人工神经网络，是一种模仿人脑神经元网络系统进行事故预测的算法。该模型比较适用于复杂网络系统中的事故的预测，具有非线性、自适应、自学习的特征。卡方自动交互检测方法（CHAID）模型也是决策树的一种。该模型根据统计显著性来确定最佳分组变量和分割点。主要优点是可以较快地分析出主要的影响因素。线性回归预测算法是根据变量之间的因果关系构建线性事故预测模型。该模型比较简单，可解释性强，比较适用于小数据量的事故的预测。广义线性回归模型是线性模型的扩展，运用联系函数将结果变量的期望值与预测变量建立联系。当预测变量较为离散时该模型比较适用。本书运用 Clementine 软件中内嵌的成熟的机器学习预测算法，分别构建了 6 个预测模型，目的是分析预测模型的适用性，在此对这些模型的算法不做详细的介绍。

7.2.3　数据收集和处理

（1）数据收集

本书从住房和城乡建设部、国家统计局和建筑企业信用评价系统搜集了 2017 年第三季度至 2019 年第三季度全国各地区上述 10 个预测变量的数据。列出全国 31 个省、自治区和直辖市、9 个季度的 279 组数据，如表 7.2 所示。

数据的时间和地区　　表 7.2

属性	内容
时间	2017 年第 3 季度、2017 年第 4 季度 2018 年第 1 季度、2018 年第 2 季度、2018 年第 3 季度、2018 年第 4 季度 2019 年第 1 季度、2019 年第 2 季度、2019 年第 3 季度

续表

属性	内容
地区	北京、天津、河北、山西、内蒙古、辽宁、吉林、黑龙江、上海、江苏、浙江、安徽、福建、江西、山东、河南、湖北、湖南、广东、广西、海南、四川、重庆、贵州、云南、西藏、陕西、甘肃、青海、宁夏、新疆

（2）数据预处理

数据的预处理按照图 7.1 的步骤进行。

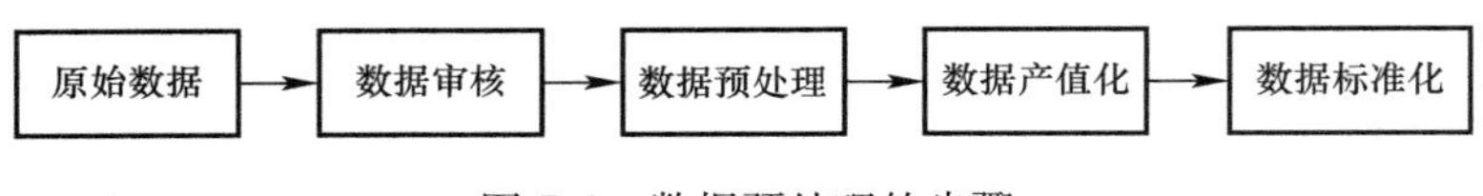

图 7.1　数据预处理的步骤

对数据进行完整性和准确性审核之后，对数据进行预处理。该环节的重要工作是去除数据集中的无关数据和不完整的数据。为了更好地反应地区的安全生产管理水平的，本书将每个变量进行产值分配。比如变量“参加安全培训的人数”，进行产值分配之后是“每亿元建筑业产值参加安全培训的人数”。最后要对数据标准化处理。数据标准化有多种方法，本书采用的是 min－max 标准化方法。做法是：设 minA 和 maxA 分别为变量 A 的最小值和最大值，将 A 的一个原始值 x 通过 min-max 标准化映射成在区间［0，1］中的值 x'，其公式为：

$$x' = \frac{x - \text{minA}}{\text{maxA} - \text{minA}} \tag{7.1}$$

7.3　建筑施工生产安全事故预测模型的对比分析

7.3.1　事故率预测模型的选择和分析

（1）亿元产值事故率预测模型的预测结果对比

本书将收集的数据集输入 Clementine 软件，以亿元产值事故率为结果变量，表 7.1 中的 10 个指标为预测变量，构建了建筑业生产安全事故率的预测模型。结果如表 7.3 和图 7.2 所示。预测结果用相关系数和相对误差这两个参数来评价。相关系数（R）是指预测值与原始值之间的相关系数，评估预测结果对真实数据的表达能力，相关系数越大模型的预测效果越好。相对误差（E）＝|预测试－实际值|/预测值，相对误差越小则模型的预测效果越好。表 7.3 是生成的 6 个模型的 R 和 E。6 个模型的预测结果显示 C&RT 模型的预测效果最好，其次是广义线性模型，预测效果最差的是神经网络模型。

6个预测模型对事故率的预测结果　　表7.3

模型	相关系数（R）	相对误差（E）
C&RT	0.972	0.041
广义线性回归	0.825	0.368
线性回归	0.825	0.368
支持向量机	0.738	0.422
CHAID	0.701	0.554
神经网络	0.459	0.892

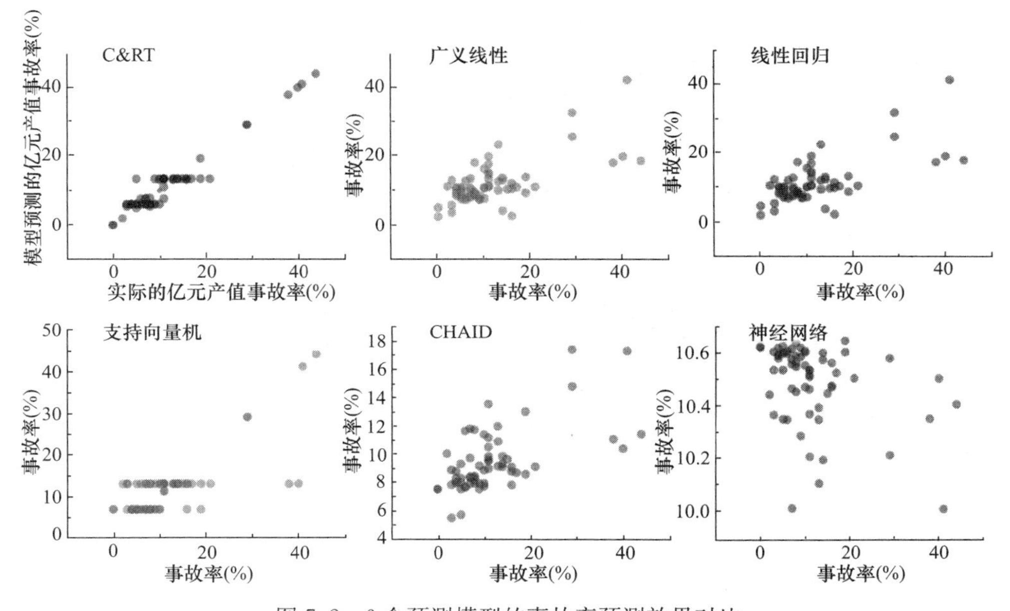

图7.2　6个预测模型的事故率预测效果对比

图7.2是6个模型预测效果图，在每个预测模型效果图中横轴是实际的亿元产值事故率，纵轴是模型预测的亿元产值事故率，每个图显示了模型的观察值与预测值的对比图，提供了它们之间相关性的快速可视化指示。对于一个好的模型，点应该沿着对角线聚类。从模型的预测效果对比图中也可以发现C&RT模型的预测效果最好，预测效果最差的是神经网络模型。

表7.3和图7.2的结果说明C&RT模型用来预测地区事故率的精确度较高。C&RT模型可自动忽略对目标变量没有贡献的预测变量，当数据有缺失和变量较多时C&RT显得非常稳健。C&RT模型的输出可以是数值型，也可以是分类型。支持向量机和神经网络的预测效果较差。支持向量机算法主要应用于分类问题，而本书中的事故预测是数值型问题，因此适用性较低。神经网络预测法具有

很强的自学习能力，但是神经网络模型通常需要大量的数据进行模型的训练，当数据量有限时，用神经网络模型训练出的模型效果并不会很好。由于各地区的安全监管数据有限，因此神经网络的预测效果也不好。

（2）地区事故率预测模型中预测指标的重要性

分类回归树模型的预测效果最好，因此，本书对分类回归树模型展开进一步的研究。对分类回归树模型中每个指标的重要性进行了排序，结果如图 7.3 所示。指标的重要性是在所有单棵树上该指标重要性的一个平均值，而单棵树上指标重要性计算方法为：根据该指标进行分裂后平方损失的减少量的求和，各指标的重要性程度的系数值相加和为 1。

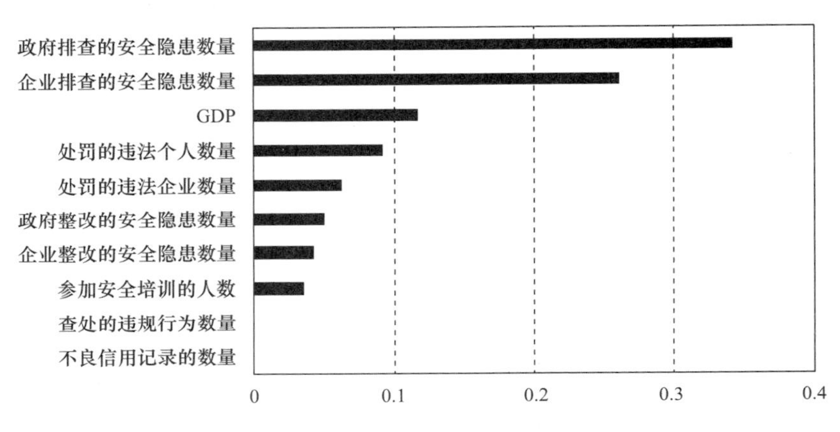

图 7.3　事故率预测中预测指标的重要性

指标重要性分析结果显示，“不良信用记录的数量”、和“查处的违规行为数量”在预测事故的发生率时重要性为 0，说明这 2 个指标在预测事故率时是无效的，可以从模型中剔除。而其他的 8 个指标对于准确预测是有效的。“政府排查的安全隐患的数量”（34.4%）的重要性最高，其次是“企业排查的安全隐患的数量”（26.1%），这两个指标重要性占比达到了 60.5%，说明隐患排查对预测事故发生的数量是最重要的，也说明控制隐患的数量可以更好地控制事故的发生。GDP 在事故率预测中的重要性为 11.7%，是排序第三的重要因素。GDP 反映了地区的经济水平，经济水平越高则在建工程越多，发生事故的可能性就越大。值得注意的是，重要性最低的是参加安全培训的人数（3.4%）。说明单纯地控制参加安全培训的人数并不能有效抑制事故的发生，针对这一结果访谈了 6 位专家，他们认为目前中国建筑业的安全培训多流于形式，增强安全培训的内容和质量才是预防事故发生的关键，并且建筑工人具有农民和工人双重身份特征，工人流动性大，短期的安全培训并不足以增强工人的安全知识和技能。

7.3.2　事故死亡率预测模型的选择和分析

（1）亿元产值事故率预测模型的预测结果对比

本书构建了建筑施工生产安全事故死亡率的预测模型。以亿元产值事故死亡率为结果变量，表7.1中的10个指标为预测变量，分别构建了6个预测模型。结果如表7.4和图7.4所示。预测结果同样用相关系数（R）和相对误差（E）两个参数来评价。6个模型的预测结果也显示，C&RT模型的预测效果最好，其次是广义线性模型，预测效果最差的是神经网络模型。

6个死亡率预测模型的预测效果　　**表7.4**

模型	相关系数（R）	相对误差（E）
C&RT	0.959	0.08
广义线性回归	0.727	0.472
线性回归	0.725	0.475
CHAID	0.638	0.593
支持向量机	0.589	0.764
神经网络	0.524	0.761

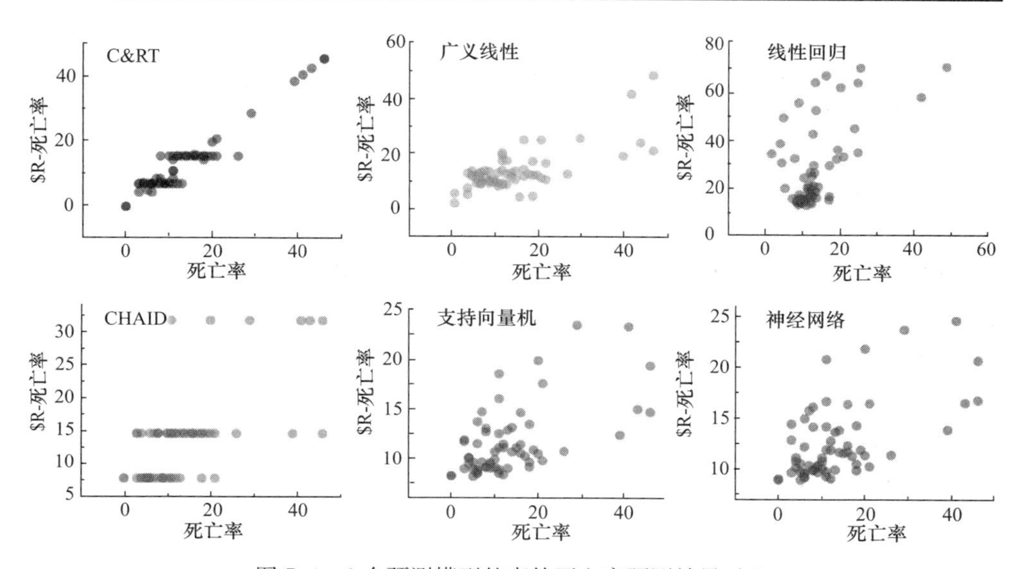

图7.4　6个预测模型的事故死亡率预测效果对比

图7.4是6个模型预测效果的图形展示，在每个预测效果图中横轴是实际的亿元产值事故死亡率，纵轴是模型预测的亿元产值事故死亡率。从模型的预测效果对比图中也可以发现C&RT模型的预测效果最好，神经网络模型的预测效果

同样是最差的。

（2）生产安全事故死亡率预测中指标的重要性

C&RT 模型的预测效果最好，因此，对 C&RT 模型展开进一步的研究。对 C&RT 模型中每个指标的重要性进行了排序，结果如图 7.5 所示。

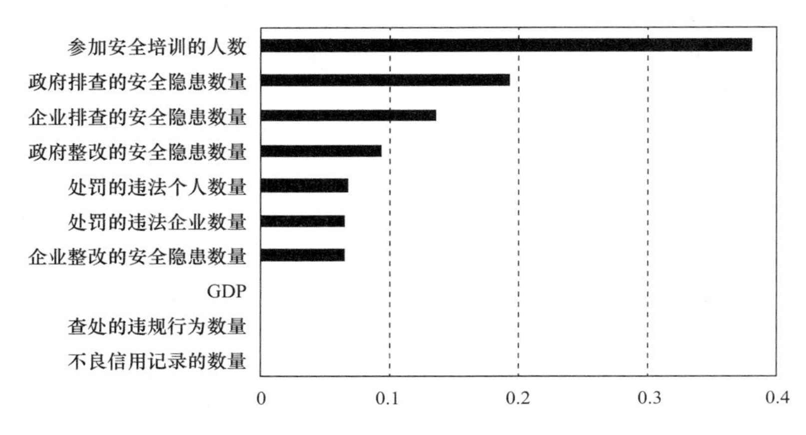

图 7.5　预测事故死亡率的变量的重要性

指标重要性分析结果显示，“GDP”、“不良信用记录的数量”和“查处的违规行为数量”在预测事故的死亡率时重要性为 0，说明这 3 个指标在预测时是无效的，可以从模型中删除。而其他的 7 个指标对于准确预测是有效的。“参加安全培训的人数”（38.2%）最重要，说明政府在工程建设过程中加强工人的安全培训可以有效降低事故的死亡率。其次是“政府排查的安全隐患数量”（19.1%）和“企业排查的安全隐患数量”（13.6%），这两个变量重要性占比达到了 32.7%，说明隐患排查对预测事故的死亡率是最重要的，也说明政府的安全监管对于提高施工现场的安全水平至关重要。访谈结果显示，企业的安全隐患排查除了考虑生产的安全性外，还受到环境因素和经济因素的影响，对于有些安全隐患，企业的安全检查人员可能出于工作量、成本等压力而选择忽视。但是政府的安全检查则通常仅考虑生产的安全性，安全检查更加严格。GDP 在事故伤亡率预测中的重要性为 0，远低于 GDP 在事故率预测中的重要程度。GDP 在事故死亡率的预测中没有起到作用，可能跟建筑业的用工特征有关。国内建筑工人具有跨地区就业的特征。经济发达地区就业机会多，建筑施工由于恶劣的施工作业环境而较少被当地人作为就业目标。经济发达地区建筑企业的工人通常来自于其他地区，因此，建筑工人的素质与地方经济水平关联度较小。

上述研究结果显示，安全生产管理的相关指标作为预测变量来预测地区的事故率和死亡率被证实是可行的。这意味着安全生产管理相关指标可以作为一种工具，以主动或“事前”的方式来预测事故的发生情况。因此，通过对监管指标的数据分析，筛选得到的重要指标可以作为政府制定安全生产调控策略的依据。事故率预测模型与死亡率预测模型的变量重要性分析结果之间存在差异，在预测事故率时，“政府检查的安全隐患数量”的重要性最高；而在事故死亡率预测中，“参加安全培训的人数”的重要性最高。说明安全隐患的存在是导致事故发生的重要因素，而员工的不安全行为则是导致作业人员死亡的重要因素。另外，这两个模型中“政府检查的安全隐患数量”的重要性均大于“企业排查的安全隐患数量”，说明政府的安全检查更加严格，对于提高施工现场的安全水平具有更好的作用。

7.4　基于事故预测的安全生产监管系统及其机制创新

第4章对当前建筑施工安全生产政府监管的模式进行了类型划分，这些有效的监管模式从制度合理化的角度设计监管行为，对监管成本和人力资源具有依赖性。全球各国的安全生产监管部门均面临着提高监管有效性的难题，在有限的人力资源和监管成本的限制下，最大限度地提高施工现场的安全状况。机器学习预测算法的使用使得监管部门主动地识别事故发生态势成为可能。因此，基于事故预测方法，设立一种具有动态监管、主动监管、预控监管功能的新机制，有助于提高政府对建筑施工安全生产的监管效率。

本章节灵活运用政府监管模式和事故预测方法的研究结果，设计了一个基于事故预测模型的建筑施工安全生产监管系统，该系统的运行机制框架如图7.6所示。

在图7.6中，基于事故预测模型和有效选择监管模式的建筑施工安全生产监管系统及其运行机制的构建遵循以下步骤。

首先，从住房和城乡建设部网站、国家统计局网站、应急管理部网站，以及地方监管部门网站上以季度为周期，收集每个省、自治区和直辖市的安全监管统计数据，再运用本章分析结果选择相应的事故预测指标和预测模型。由于数据量的积累需要有一个渐进的过程，上述研究结果显示，在目前的数据量条件下，C&RT模型在预测事故率和事故死亡率方面具有最高的准确性。预测指标方面，参加安全培训的人数、政府排查的安全隐患数量、企业排查的安全隐患数量等均可以作为预测变量。因而，可以为各地区建筑施工生产安全事故的预测构建一个准确性较高的模型。

其次，以上述构建的事故预测模型为基础，搭建建筑施工安全生产监管平台。定期将各地区的有关建筑施工安全生产监管数据、行业发展数据和企业安全管理数据上传至该平台。并运用该平台中的事故预测模型，连续、动态地预测事故率和死亡率。

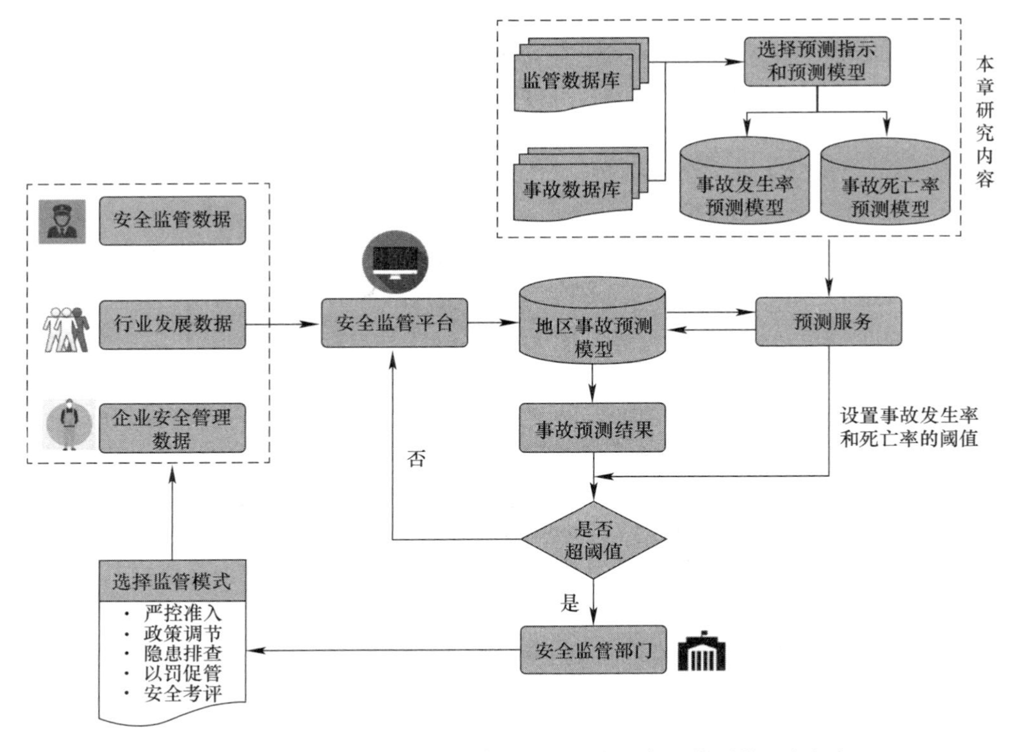

图 7.6　基于事故预测模型的建筑施工安全生产监管系统运行框架

再次，通过专家访谈、问卷调查等方式，设置各地区事故率和死亡率的阈值。由于安全风险无法完全消除的固有特性，导致完全避免事故的发生是不现实的，因此实用的做法是为各地区设置一个事故率和死亡率的阈值，该阈值的确定需要结合监管部门的意志和各地区建筑施工安全管理的现状来合理确定。如果事故率和死亡率没有超过相应的阈值，则维持当前监管工作现状继续进行运行。如果事故率和死亡率超过了相应的阈值，则该系统自动地对建筑施工安全生产监管部门提出预警。

最后，建筑施工安全生产监管部门根据系统的预警，针对有关地区采取相应的监管措施。第 4 章已经对五种监管模式的有效性进行了分析，各种监管模式的应用有其作用的对象和适用的场景，比如隐患排查监管模式的应用，有助于提高监管指标“政府排查的安全隐患数量”；严控准入监管模式的应用，则有助于提高“企业排查的安全隐患的数量”“企业整改的安全隐患数量”等监管指标；以罚促管监管模式的应用，则有助于提高“处罚违法企业的数量”“处罚违法个人的数量”等监管指标。建筑施工安全生产监管部门通过灵活选择相应的监管模式，强化特定的安全生产管理工作，改善安全生产状态，使预测指标数值映射的事故率和死亡率趋于阈值范围内，进而可以降低事故率和死亡率。

7.5 政府监管的数字化转型

“十四五”规划纲要进一步明确提出加快数字化发展，建设数字中国，打造系统完备、高效实用、智能绿色、安全可靠的现代化基础设施体系，数字化转型已经成为国家创新发展的重要驱动力。

建筑行业是国民经济的支柱产业，也是推进新技术革命的重要力量。2020年8月17日，住房和城乡建设部等13部门联合印发了《关于推动智能建造与建筑工业化协同发展的指导意见》，明确提出了推动智能建造与建筑工业化协同发展的指导思想、基本原则、发展目标、重点任务和保障措施。为今后一个时期建筑业转型升级、实现高质量发展指明了方向。

2020年以来，建筑工程领域针对安全监管的数字化从政策和实践两方面进行了多方探索。为深入贯彻习近平总书记关于建设数字中国的战略部署，加快推进建筑业数字化转型、智能化升级，促进企业在实现高质量发展上迈出新步伐、取得新成效，相关监管部门颁布了多个政策文件来引导建筑业的数字化转型。

(1)《住房和城乡建设部工程质量安全监管司2020年工作要点》中指出，积极推进施工图审查改革，创新监管方式，采用“互联网+监管”手段，推广施工图数字化审查，试点推进BIM审图模式，提高信息化监管能力和审查效率。同时，推进建筑施工安全监管信息系统建设，加强建筑市场和施工现场联动，提升政府部门的信息化监管能力。完善建筑施工安全诚信体系，积极培育建筑施工安全文化。

(2) 2021年3月16日，住建部办公厅关于印发《绿色建造技术导则（试行)》的通知，该通知要求结合实际需求，有效采用BIM、物联网、大数据、云计算、移动通信、区块链、人工智能、机器人等相关技术，整体提升建造手段信息化水平。

(3) 2021年4月，住建部办公厅发布《关于启用全国工程质量安全监管信息平台的通知》，全面推行“互联网+监管”模式。要求以信息化手段加强房屋建筑和市政基础设施工程质量安全监管，大力促进信息共享和业务协同。自2021年5月15日起正式启用全国工程质量安全监管信息平台，实现跨层级、跨地区、跨部门间信息共享和业务协同，有力维护人民群众生命财产安全。平台集成工程质量安全监管业务信息系统、全国工程质量安全监管数据中心、工作门户以及公共服务门户，供各地免费使用。

(4) 江苏省制定了《住房和城乡建设领域数字化转型工作方案》。根据《方案》，江苏省将实施房屋安全数字化监管工程，形成覆盖全省的存量房屋基础数据库，突出对危房的数字化监管，实现“危房发现、检测鉴定、加固改造、验收消险”的闭环管理。此外，江苏省还将推动城市治理数字化，加快建筑产业数字化转型。到2025年，基本建立政务服务、民生服务、城市治理、行业监管等方面数字化体系，打破数据壁垒、畅通共享机制，基本建立省市县三级数字化协同体系，住房和城乡建设领域数字化水平位居全国前列。

上述的这些探索，建立了建筑施工安全监管的数字化框架，试图构建一个适应新体制、新方法和新机制的集成化城市管理信息平台，是对安全监管体制、机制及管理手段的重大变革和创新。

在实践方面，监管部门联合企业也进行了多方面的模式和技术创新。

(1) 城市信息模型（CIM）建设。推动城市信息模型（CIM）支撑能力建设是夯实“数字住建”基础支撑能力，提高住建领域大数据支撑能力的重要措施。开展城市基础平台建设，连接城市信息全要素，推动城市建设管理信息资源整合与工程建设项目的智能化审批，有助于提高城市建设管理数字化、精细化、智能化水平，为“新城建”提供坚实基础和保障。

(2) 基坑监测预警系统建设。根据工程地质条件和基坑开挖风险程度等特点，监管部门通过政府购买服务方式开发建设“基坑监测预警管理系统”，以“互联网+”技术打造的基坑工程数字化在线管理平台。该系统以模块化方式实现监测数据实时上传，并对监测数据进行管理、查询、分析。可在日常安全生产管理工作中为基坑工程的信息化、数字化管理提供快速、准确、形象、直观的监测数据分析与成果预测，更高效地满足基坑隐患应急处理、信息及时反馈的需要。可以提高危险性较大的分部分项工程管理能力。同时，该系统在不增加监测成本的前提下，提高了作业人员工作效率，减少人为出错率，为创新工程质量安全管理服务模式和全面践行“最多跑一次”的改革目标提供了有力支撑。

(3) 慧工地数字监管服务平台。慧工地数字监管服务平台需要结合“智能安全帽”共同发挥作用，“智能安全帽”的后方安装有感应装置，当工人们戴上它进入系统监测范围时，管理人员就能实时掌握工人的动向。随着这套数字监管体系的逐步建成，运用大数据技术消除事故隐患，筑牢安全生产防线将变得可能。

除上述实践应用案例外，事故监测预警系统建设是提高安全生产监管的一项重要措施，也是广大学者努力探索的重要方向。传统的以事故致因分析和风险管理为主的研究已经达到了饱和状态。建筑业的事故数据分析显示，近10年来建筑业的安全水平并没有得到很大提高。相反随着先进制造技术与传统建筑业的融合，工程建造技术、项目管理模式和产业工人队伍正经历着新的变化，致使建筑业的安全管理还有日益复杂化趋势。因此，安全研究人员和专业人员近年来开始试图改变研究策略。信息技术的发展，对建筑业的管理理论和管理方式产生了较大的影响，尤其是建筑信息建模（BIM）、邻近感知或信息检索等技术的应用，使建筑业的安全管理从传统的以安全人员经验为主向自动化、智能化方向转变，提高了建筑施工安全管理的效率。安全管理中信息技术的应用具有不可逆转的扩大化趋势。

7.6　本章小结

虽然研究人员建立了很多模型来对事故进行预测，但是他们的理论基础和预测目的并不完全一致。随着人工智能技术的发展，机器学习预测算法作为一种全新的方法，逐渐被应用到了建筑业生产安全事故预测中。机器学习有多种算法，针对不同的数据特征和预测目的，各种算法的适用性不同，构建的预测模型的预测准确性也不同。本章对预测变量的选取和预测模型适用性的分析结果显示，运用机器学习预测算法，以建筑施工安全生产监管相关的统计指标为预测变量，对事故率和死亡率进行预测是可行的。在目前的数据量条件下，C&RT 模型在预测事故率和事故死亡率方面具有最高的准确性，这将具有很好的实践应用价值。对于政府监管部门来说，各地区乃至全国正在构建监管数据库，定期搜集和公布多个安全生产监管管理指标。建筑施工安全生产监管部门可以充分利用这些数据，构建本地区的建筑施工安全生产监管平台，实时对各地区的建筑施工生产安全事故的发生进行连续、动态预测，并根据预测结果选择相应的监管模式，实现建筑施工安全生产监管机制的创新。

第8章　结论与展望

8.1　研究结论

政府作为建筑施工安全生产的主要监管机构，制定有效的建筑施工安全生产法律法规，采取合理的监管模式，对于降低建筑施工的事故率和死亡率，保障建筑施工安全具有重要作用。分析建筑施工安全生产政府调控措施的有效性为政府制定、修改与完善调控措施提供了依据。区别于对宏观经济的调控和监管，建筑施工安全生产调控是由政府行政命令和法律强制推行和实施的自上而下的外部规制，安全生产政府调控的分析需要跳出成本效益和博弈论的分析范式。并且，建筑施工安全生产调控具有超过一般工业的复杂性。立足中国情境，针对建筑施工的特殊性对建筑施工的安全生产调控进行全面分析成为学术界和实践界的共同诉求。本书基于2004～2019年的事故统计数据、事故记录，以及2017～2019年政府的地区监管数据，分别从立法规制和政府监管两个视角分析政府调控的有效性和调控措施的作用机理，并基于合规分析和机器学习预测模型提出了政府调控优化方案，本书的研究主要得到了如下结论：

（1）政府可以通过加强建筑施工安全生产法律法规的立法力度来降低事故率和死亡率。安全生产立法指数与建筑施工的事故率和死亡率之间均存在显著的负向的线性相关关系，法律法规对事故的属性和事故致因具有规制作用。在一定的时间范围内，政府的立法力度越大建筑施工生产安全事故的事故率和死亡率越小。立法力度是对法律法规数量和法律法规效力的综合衡量，加强立法力度可选择的措施包括增加法律法规的数量和增加法律法规的法律效力两方面。

（2）立法对事故属性和事故致因具有规制作用。在立法的牵引下，事故发生的星期、时刻、事故类型、死亡人数等属性均发生了明显的变化，法律法规体系的完善致使事故的发生模式逐渐固定化。立法规制作用下，随着立法体系的逐渐完善，事故致因关联网络密度减小，聚类系数增大，逐渐呈现出多中心结构。事故致因之间随着立法的变迁而断开关联或建立新关联，尤其是那些存在互惠关系的事故致因。

（3）立法对事故致因的作用机理是：立法对存在互惠关联的事故致因具有很好的规制作用，通过降低互惠关联关系中触发性事故致因的发生概率，来改变事故致因关联网络，进而影响事故致因的影响性。而网络结构的变化可以影响事故致因的影响性，并不会显著影响事故致因的发生概率。

（4）建筑施工安全监管模式可以分解为严控准入、政策调节、隐患排查、以罚促管和安全考评五种基本的单元。本书基于我国31个地区客观的建筑施工监管数据，对各地区的监管模式进行了剖析。根据各地区建设行政主管部门的监管行为特征，在提炼出各地区监管模式的特征基础上对各地区监管模式进行了系统性的界定。这五种基本的监管模式是构成各地区复杂的监管模式的基本元素，由于人力资源和监管费用的限制，监管部门在实践应用中通常有选择性地将若干个基本的监管模式单元进行组合。这是首次从政府监管行为的角度对安全生产监管模式进行剖析，为监管模式的理论研究奠定了基础。

（5）各种监管模式对不同的事故特征的牵引效应不同。不同监管模式的有效性具有较大的差异，无法简单以“好”与“坏”的标准评价。基于2017～2019年的事故数据和事故记录，本书提出了结果导向的分析框架，即以不同监管模式下的事故率、死亡率、事故严重程度和事故致因为评价指标，对不同监管模式的有效性进行对比分析。评价结果说明，并不存在一个全面有效的基本的监管模式。隐患排查模式和以罚促管的模式在降低事故率和死亡率方面是最有效的，然而以罚促管模式下比较容易发生严重事故。而严控准入、政策调节和安全考评模式可以有效地抑制严重事故的发生。在对事故致因的影响方面，隐患排查和安全考评这两种监管模式可以较好地降低事故致因之间关联性和复杂性。

（6）对个人行为规制的缺失限制了法律法规的实施效果。合规性分析的结果说明我国建筑施工安全生产立法存在的主要缺陷是：多数直接事故致因并没有相应的法律法规条文为依据，部分关键事故致因没有被立法所覆盖，与人有关和与设备有关的事故致因是建筑施工安全生产立法的盲区。为了提高法规制定的效率，本书提出了四个立法优化的建议，包括构建一个完整的法规体系减少重复立法，针对立法盲区提高对作业人员行为的约束，加强对作业人员的知识和技能培训，进而形成一个作业人员主动实施安全生产的氛围。

（7）将安全生产调控机制从事后应急转变为事前预防是提高建筑施工安全生产政府调控科学化水平的核心。事故预测为事故预防提供依据。本书以我国31个地区事故数据为基础，选取安全监管相关的统计指标，运用机器学习预测算法构建了C&RT、支持向量机、神经网络、CHAID、线性回归、广义线性6个预测模型，并对预测变量的有效性和模型适用性进行了分析。在现有数据量条件下，C&RT模型在预测地区事故率和死亡率方面具有较高的准确性，以安全监管相关的统计指标作为预测地区事故率和死亡率的变量是可行的。将事故预测理论同政府调控理论相结合，实现了政府安全生产的精准化治理。实践应用中，监管部门可以依据应用情境和监管目标来选择合适的监管模式或监管模式组合，实现政府治理模式从“行为——结果”向“目标——行为”转变。

8.2 研究展望

本书在分析对象选取和指标量化方面存在一定的局限性，需要进一步研究和完善。

首先，安全生产立法研究需要考虑在立法实施后较长的测量时间，以便捕捉长期影响。从本质上讲，意识、依从性以及最终的伤害结果可能需要比研究人员和监管机构预期的更多时间来改善，即立法效果具有一定的滞后性。本书立法要点变迁分析中以当年的法律法规内容来划分阶段的做法，使得对立法的影响的评价不够准确。但是需要说明的是，本书中有意避免了立法效果的应用而使用立法力度来进行分析，立法力度包括了颁布的法律法规的数量和立法要点，代表的是当前时期政府对特定问题立法的重视程度和政策指向，对于企业和政府监管部门具有一个直接的行为导向。并且，本书中立法阶段的划分，时间周期最少得3年，这样可以在一定程度上提高对立法影响评价的准确性。如何对立法的影响进行更加准确的衡量是后续研究应该关注的。

其次，在对监管模式进行划分时忽略了多种监管模式的综合影响。事实上，每个地区都会采取多项监管措施，比如江苏省除了在严控准入外，也采取了隐患排查和政策调节等监管措施，只是在监管过程中在落实各项监管措施方面存在较大的差距。江苏省对严控准入的监管措施的重视程度和执行程度比较高，而其他措施的重视程度较低，执行的力度也比较小。本书选择严控准入作为江苏省的监管模式的代表的做法忽略了其他监管模式的作用。之所以这么做，是考虑到并不存在一个单一的监管模式的应用场景，这样的做法可以保证基于真实的监管数据来进行研究的同时尽量使监管模式的应用场景具有对比性。虽然，为了排除其他监管模式的影响，本书选择了只有一项监管模式突出，其他监管模式不突出的省份进行分析，然而，在分析过程中仍然无法完全排除其他监管模式的影响。这是后续的研究应该进一步完善的。

再次，本书选择了政府调控行为为分析对象，忽略了自然环境、经济环境、项目安全管理水平、地区人口比例、工人整体素质等方面可能存在的差异。事故的发生可能受到多种因素的影响，政府的调控只是其中的一个因素。本书的结论是建立在其他影响因素的影响固定不变的假设之上。忽略其他因素的影响可能会导致分析结果的偏差，使得研究结论的适用性降低。本书在研究中选择了对事故率和死亡率进行分析，排除了产值不同的影响，同时也尽量选择了自然环境、经济环境、项目安全管理水平、工人整体素质差异小的地区进行分析。然而，这些努力也是不够的，为了提高研究结果的准确性，如何尽量减少其他因素的影响是后续研究设计时应该重点考虑的。

最后，在构建事故预测模型时，在预测变量的选取上，我们选取了已有的，数据统计完整的变量。专家认为这些变量能够指导安全监管实践。虽然可以很好地预测事故率和死亡率，但不能排除还有其他更好的安全监管统计指标。此外，为了得到最优的事故率和死亡率模型，需要在基础算法的基础上，结合预测对象的特点进行模型优化，并需要大量的数据进行模型的训练、验证和测试，然而由于政府宏观监管数据的披露程度有限，且本书在政府调控优化方面提出的是一个优化方案，因此本书只是运用基本的算法进行了模型的构建，并对模型进行了对比分析，在一定程度上满足了研究的需要。但是，在指导实践的过程中，有必要收集大量的监管数据，根据预测对象的特点构建一个最优的预测模型。

参考文献

[1] 丁嘉威. 网络视角下的安全风险关联机理：以电梯安装工程为例 [D]. 清华大学，2016.

[2] 冯春山，吴家春，蒋馥. 定性预测与定量预测的综合运用研究 [J]. 东华大学学报（自然科学版），2004（3）：114-117.

[3] 高远. 基于博弈论的政府安全生产监管机制优化研究 [D]. 中国地质大学（北京），2020.

[4] 韩巍. 治理结构、利益与激励：中国政府安全生产管理价值的制度基础 [J]. 中国行政管理，2016（10）：135-139.

[5] 胡鹰，叶义成，李丹青等. 建筑安全事故灰色季节指数预测模型及应用 [J]. 中国安全科学学报，2014，24（4）：86-91.

[6] 贾璐. 工程建设安全监管博弈分析与控制研究 [D]. 华中科技大学，2012.

[7] 江田汉，孙庆云，郭再富等. 我国安全生产行政执法统计指标体系研究与应用 [J]. 中国安全生产科学技术，2020，16（3）：183-188.

[8] 姜雅婷，柴国荣. 安全生产问责制度的发展脉络与演进逻辑——基于169份政策文本的内容分析（2001-2015）[J]. 中国行政管理，2017（5）：126-133.

[9] 蓝志勇，南平，吕朝颖. “公共失灵论”替代“市场失灵论”——市场监管理论的国外借鉴与创新 [J]. 中国工商管理研究，2015（12）：9-12，28.

[10] 李伯聪. 工程科学的对象、内容和意义——工程哲学视野的分析和思考 [J]. 工程研究-跨学科视野中的工程，2020，12（5）：463-471.

[11] 李利平，周望. 进一步深化我国安全生产监管体制改革的思路 [J]. 中国行政管理，2017（8）：151-153.

[12] 李书全，窦艳杰. 基于RS-SVM模型的建筑安全事故预测模型 [J]. 统计与决策，2008（19）：56-58.

[13] 刘红艳，苏曼曼. 灰色马尔柯夫模型在建筑工程坍塌事故预测中的应用 [J]. 重庆科技学院学报（自然科学版），2011，13（6）：150-153.

[14] 刘军. 社会网络分析方法 [M]. 重庆：重庆大学出版社，2007.

[15] 刘少军. 立法成本效益分析制度研究 [M]. 北京：中国政法大学出版社，2011.

[16] 马琳. 食品安全规制：现实、困境与趋向 [J]. 中国行政管理，2015（10）：135-139.

[17] 马英娟. 监管的语义辨析 [J]. 法学杂志，2005（5）：113-116.

[18] 沈斌. 基于系统动力学的安全生产监管有效性研究 [J]. 中国安全科学学报，2012，22（5）：85-91.

[19] 沈祖培，王遥，高佳. 人因失误的后果-前因追溯表 [J]. 清华大学学报（自然科学

版)，2005 (6)：79-82.

[20] 宋德福. 中国政府管理与改革 [M]. 北京：中国法制出版社，2001.

[21] 索丰平. 基于 GM (1，1) 模型的建筑事故预测及应用研究 [J]. 基建优化，2007 (4)：87-88.

[22] 汤道路. 煤矿安全监管体制与监管模式研究 [D]. 中国矿业大学，2014.

[23] 王俊豪. 中国特色政府监管理论体系：需求分析、构建导向与整体框架 [J]. 管理世界，2021，37 (2)：148-164，184，11.

[24] 王浦劬. 国家治理、政府治理和社会治理的含义及其相互关系 [J]. 国家行政学院学报，2014 (3)：11-17.

[25] 王姝，柴建设. 基于社会科学统计程序 (SPSS) 回归性分析的尾矿库事故预测模型 [J]. 中国安全科学学报，2008，18 (12)：34-40，177.

[26] 威廉・N・邓恩. 公共政策分析导论 [M]. 北京：中国人民大学出版社，2011.

[27] 闫亚庆. 基于灰色马尔科夫链的建筑事故死亡人数预测研究 [J]. 福建建设科技，2014 (1)：82-84.

[28] 杨灿生，黄国忠，陈艾吉，崔向兰. 基于灰色-马尔科夫链理论的建筑施工事故预测研究 [J]. 中国安全科学学报，2011，21 (10)：102-106.

[29] 杨黎明. 治理煤炭企业安全生产负外部性问题的税务对策研究 [J]. 财会研究，2008 (10)：17-19.

[30] 尹柯，蒋军成. 预测法在安全生产中的应用研究评述及展望 [J]. 中国安全科学学报，2012 (6)：112-118.

[31] 于殿宝. 事故预测预防 [M]. 北京：人民交通出版社. 2007.

[32] 约瑟夫・斯蒂格利茨. 经济学，第四版 [M]. 北京：中国人民大学出版社. 2010.

[33] 詹瑜璞，孔繁燕. 基层安全生产监管体制研究——关于安全生产法律制度实施与完善的研究 (一) [J]. 中国安全科学学报，2009，19 (10)：59-66，179.

[34] 张国兴. 基于博弈视角的煤矿企业安全生产管制分析 [J]. 管理世界，2013，(9)：184-185.

[35] 郑小平，刘梦婷，李伟. 事故预测方法研究述评 [J]. 安全与环境学报，2008 (3)：162-169.

[36] 中华人民共和国应急管理部. 中国安全生产年鉴 [M]. 北京：煤炭工业出版社，2017.

[37] 中华人民共和国住房和城乡建设部. 关于 2019 年房屋市政工程生产安全事故情况的通报 [EB/OL]. 2020-06-19/2020. 10-15.

[38] 钟燕华. 基于 PSO-LSSVM 的建筑施工事故预测方法研究 [J]. 重庆理工大学学报 (自然科学)，2018，32 (12)：157-161.

[39] 周志华. 机器学习 [M]. 北京：清华大学出版社，2016.

[40] 宗玲. 安全处罚的中外对比研究 [D]. 中国矿业大学 (北京)，2014.

[41] Amiri M，Ardeshir A，Fazel Zarandi M H，et al. Pattern extraction for high-risk accidents in the construction industry：a data-mining approach [J]. International journal of

injury control and safety promotion，2016，23（3）：264-276.

[42] Amiri M，Ardeshir A，Zarandi M H F. Risk-based analysis of construction accidents in Iran during 2007-2011-meta analyze study [J]. Iranian journal of public health，2014，43（4）：507-522.

[43] Andolfo C，Sadeghpour F. A Probabilistic Accident Prediction Model for Construction Sites [J]. Procedia Engineering，2015，123：15-23.

[44] Arquillos A L，Romero J C R，Gibb A. Analysis of construction accidents in Spain，2003-2008 [J]. Journal of safety research，2012，43（5-6）：381-388.

[45] Arrow K J，Cropper M L，Eads G C，et al. Is there a role for benefit-cost analysis in environmental，health，and safety regulation? [J]. Science，1996，272（5259）：221-222.

[46] Atusingwize E，Musinguzi G，Ndejjo R，et al. Occupational safety and health regulations and implementation challenges in Uganda [J]. Archives of environmental & occupational health，2019，74（1-2）：58-65.

[47] Baart，P.，Raaijmakers，T. Developments in the Field of Work and Health in the Netherlands in the Period of 1990—2010 [R]. Recommendation Paper for the Network of WHO Focal Points for Workers' Health，Amersfoort，The Netherlands，2010.

[48] Baxendale T，Jones O. Construction design and management safety regulations in practice—progress on implementation [J]. International Journal of Project Management，2000，18（1）：33-40.

[49] Bird F E. Management guide to loss control [M]. Atlanta：Institute Press，1974.

[50] Blanc F. From chasing violations to managing risks：origins，challenges and evolutions in regulatory inspections [M]. Edward Elgar Publishing，2018.

[51] Bluff L. Something to think about—motivations，attitudes，perceptions and skills in work health and safety：A review of the literature on sociopsychological factors and their influence on organisations' and individuals' responses to regulation [R]. Report prepared for Safe Work Australia，2011.

[52] Bluff L. Something to think about—motivations，attitudes，perceptions and skills in work health and safety：A review of the literature on sociopsychological factors and their influence on organisations' and individuals' responses to regulation [R]. Report prepared for Safe Work Australia，2011.

[53] Bureau of Labor Statistics（BLS）. National census of fatal occupational injuries in 2017 [R]. Washington，DC：US Dept. of Labor，2018.

[54] Bureau of Labor Statistics（BLS）. National census of fatal occupational injuries in 2019 [R]. Washington，DC：US Dept. of Labor，2020.

[55] Campolieti M，Hyatt D E. Further evidence on the "Monday Effect" in workers' compensation [J]. ILR Review，2006，59（3）：438-450.

[56] Chiang Y H, Wong F K W, Liang S. Fatal construction accidents in Hong Kong [J]. Journal of construction engineering and management, 2018, 144 (3): 04017121.

[57] Choi J, Gu B, Chin S, et al. Machine learning predictive model based on national data for fatal accidents of construction workers [J]. Automation in Construction, 2020, 110: 102974.

[58] European Agency for Safety and Health at Work (EU-OSHA). Drivers and Barriers for Psychosocial Risk Management: An Analysis of Findings of the of the European Survey of Enterprises on New and Emerging Risks (ESENER) [R]. Publications office of the European Union, Luxembourg City, 2012.

[59] Foley M, Fan Z J, Rauser E, et al. The impact of regulatory enforcement and consultation visits on workers' compensation claims incidence rates and costs, 1999—2008 [J]. American journal of industrial medicine, 2012, 55 (11): 976-990.

[60] Foley M, Silverstein B, Polissar N, et al. Impact of implementing the Washington State ergonomics rule on employer reported risk factors and hazard reduction activity [J]. American journal of industrial medicine, 2009, 52 (1): 1-16.

[61] Gao Y, Fan Y, Wang J. Assessing the safety regulatory process of compliance-based paradigm in China using a signalling game model [J]. Safety science, 2020, 126: 104678.

[62] Gomes E. Accidents at work with machines: consequences of the adoption and implementation of European Directives and legislation concerning machines and use of equipment [D]. Engenharia Humana, Universidade do Minho, Portugal, 2008.

[63] Gordon J E. The Epidemiology of Accidents [J]. Am J Public Health Nations Health, 1949, 39 (4): 504-515.

[64] Gray W B, Mendeloff J M. The declining effects of OSHA inspections on manufacturing injuries, 1979—1998 [J]. ILR Review, 2005, 58 (4): 571-587.

[65] Haddon Jr W. Energy damage and the ten countermeasure strategies [J]. Human Factors, 1973, 15 (4): 355-366.

[66] Hale A R, Swuste P. Safety rules: Procedural freedom or action constraint? [J]. Safety Science, 1998, 29 (3): 163-177.

[67] Hale A R, Borys D, Adams M. Regulatory overload: A behavioral analysis of regulatory compliance [R]. Mercatus Center, George Mason University, Arlington, Virginia, 2011.

[68] Hale A R, Borys D. Working to rule or working safely? Part 1: A state of the art review [J]. Safety Science, 2012, 55: 207-221.

[69] Hale A, Borys D, Adams M. Safety regulation: The lessons of workplace safety rule management for managing the regulatory burden [J]. Safety Science, 2015, 71: 112-122.

[70] Hale A，Borys D. Working to rule or working safely? Part 2：The management of safety rules and procedures [J]. Safety Science，2013，55：222-231.

[71] Hale A，Borys D. Working to rule，or working safely? Part 1：A state of the art review [J]. Safety science，2013，55：207-221.

[72] Hale，A. R. Method in your madness：system in your safety [R]. Delft University of Technology，Safety Science Group，Delft，The Netherlands，2006.

[73] Hamid A R A，Abd Majid，M Z，Singh B. Causes of accidents at construction sites [J]. Malaysian Journal of Civil Engineering，2008，20 (2)：242-259.

[74] Haviland A，Burns R，Gray W，et al. What kinds of injuries do OSHA inspections prevent? [J]. Journal of safety research，2010，41 (4)：339-345.

[75] Heinrich，H. W. (1941). Industrial accident prevention：A scientific approach [M]. Second Edition，1941.

[76] Hinze J，Gambatese J. Factors that influence safety performance of specialty contractors [J]. Journal of construction engineering and management，2003，129 (2)：159-164.

[77] Hogg-Johnson S，Robson L，Cole D C，et al. A randomised controlled study to evaluate the effectiveness of targeted occupational health and safety consultation or inspection in Ontario manufacturing workplaces [J]. Occupational and environmental medicine，2012，69 (12)：890-900.

[78] Hollnagel E. Cognitive reliability and error analysis method [M]. Oxford，UK：Elsevier Science，1998.

[79] Hollnagel E. Risk+ barriers= safety? [J]. Safety science，2008，46 (2)：221-229.

[80] Hollnagel E. Safety-Ⅰ and safety-Ⅱ：the past and future of safety management [M]. CRC press，2018.

[81] Hollnagel，E. Barriers and Accident Prevention：or How to Improve Safety by Understanding the Nature of Accidents Rather than Finding their Causes [M]. Ashgate，Hampshire，2004.

[82] Homer A W. Coal mine safety regulation in China and the USA [J]. Journal of Contemporary Asia，2009，39 (3)：424-439.

[83] Hu X B，Gheorghe A V，Leeson M S，et al. Risk and safety of complex network systems [J]. Mathematical Problems in Engineering，2016，8983915.

[84] Jacinto C，Aspinwall E. WAIT (Part Ⅲ) -Preliminary validation studies [J]. Safety Science Monitor，2004，8 (3)：19-29.

[85] Jacinto C，Aspinwall E. Work accidents investigation technique (WAIT) -Part I [J]. Safety Science Monitor，2003，7 (1)：1-17.

[86] Jacinto C，Soares C G，Fialho T，et al. The recording，investigation and analysis of accidents at work (RIAAT) process [J]. Policy and Practice in Health and Safety，2011，9 (1)：57-77.

[87] Jin R, Wang F, Liu D. Dynamic probabilistic analysis of accidents in construction projects by combining precursor data and expert judgments [J]. Advanced Engineering Informatics, 2020, 44: 101062.

[88] Johnson M S, Levine D I, Toffel M W. Improving Regulatory Effectiveness through Better Targeting: Evidence from OSHA [J]. Institute for Research on Labor and Employment, Working Paper Series, 2019: 107-19.

[89] Ju C, Rowlinson S. The evolution of safety legislation in Hong Kong: Actors, structures and institutions [J]. Safety science, 2020, 124: 104606.

[90] Kang K, Ryu H. Predicting types of occupational accidents at construction sites in Korea using random forest model [J]. Safety Science, 2019: 226-236.

[91] Katsakiori P, Kavvathas A, Athanassiou G, et al. Workplace and organizational accident causation factors in the manufacturing industry [J]. Human Factors and Ergonomics in Manufacturing & Service Industries, 2010, 20 (1): 2-9.

[92] Ko K, Mendeloff J, Gray W. The role of inspection sequence in compliance with the US Occupational Safety and Health Administration's (OSHA) standards: Interpretations and implications [J]. Regulation & Governance, 2010, 4 (1): 48-70.

[93] Laurence D. Safety rules and regulations on mine sites—the problem and a solution [J]. Journal of safety research, 2005, 36 (1): 39-50.

[94] Lee S, Halpin D W. Predictive tool for estimating accident risk [J]. Journal of Construction Engineering and Management, 2003, 129 (4): 431-436.

[95] Leveson N. A new accident model for engineering safer systems [J]. Safety science, 2004, 42 (4): 237-270.

[96] Levine D I, Toffel M W, Johnson M S. Randomized government safety inspections reduce worker injuries with no detectable job loss [J]. Science, 2012, 336 (6083): 907-911.

[97] Liao P C, Guo Z, Wang T, et al. Interdependency of construction safety hazards from a network perspective: a mechanical installation case [J]. International Journal of Occupational Safety and Ergonomics, 2020, 26 (2): 245-255.

[98] Lofstedt, R. E. Reclaiming health and safety for all: An independent review of health and safety legislation [R]. Command 8219. London, HM Stationery Office, 2011.

[99] Luo X, Li H, Huang T, et al. Quantifying Hazard Exposure Using Real-Time Location Data of Construction Workforce and Equipment [J]. Journal of Construction Engineering and Management-ASCE, 2016, 142 (8): 04016031.

[100] Maceachen E, Kosny A, Ståhl C, et al. Systematic review of qualitative literature on occupational health and safety legislation and regulatory enforcement planning and implementation [J]. Scandinavian journal of work, environment & health, 2016, 42 (1): 3-16.

[101] Mellor N, Mackay C, Packham C, et al. 'Management standards' and work-related stress in Great Britain: progress on their implementation [J]. Safety Science, 2011, 49 (7): 1040-1046.

[102] Mischke C, Verbeek J H, Job J, et al. Occupational safety and health enforcement tools for preventing occupational diseases and injuries [J]. Cochrane database of systematic reviews, 2013 (8): CD010183.

[103] Mistikoglu G, Gerek I H, Erdis E, et al. Decision tree analysis of construction fall accidents involving roofers [J]. Expert Systems with Application, 2015, 42 (4): 2256-2263.

[104] Mohammadfam I, Ghasemi F, Kalatpour O, et al. Constructing a Bayesian network model for improving safety behavior of employees at workplaces [J]. Applied Ergonomics, 2017, 58: 35-47.

[105] Moniruzzaman S, Andersson R. Economic development as a determinant of injury mortality a longitudinal approach [J]. Social Science & Medicine, 2008, 66 (8): 1699-1708.

[106] Morillas R M, Rubio-Romero J C, Fuertes A. A comparative analysis of occupational health and safety risk prevention practices in Sweden and Spain [J]. Journal of Safety Research, 2013, 47 (dec.): 57-65.

[107] Nguyen L D, Tran D Q, Chandrawinata M P. Predicting safety risk of working at heights using Bayesian networks [J]. Journal of Construction Engineering and Management, 2016, 142 (9): 04016041.

[108] Niskanen T, Louhelainen K, Hirvonen M L. An evaluation of the effects of the occupational safety and health inspectors' supervision in workplaces [J]. Accident Analysis & Prevention, 2014, 68: 139-155.

[109] Niskanen T, Naumanen P, Hirvonen M L. An evaluation of EU legislation concerning risk assessment and preventive measures in occupational safety and health [J]. Applied Ergonomics, 2012, 43 (5): 829-842.

[110] Njå O, Fjelltun S H. Managers' attitudes towards safety measures in the commercial road transport sector [J]. Safety Science, 2010, 48 (8): 1073-1080.

[111] Occupational Safety and Health Administration (OSHA). OSHA's fall prevention campaign [EB/OL]. 2016-04-18/2019. 09. 15.

[112] Papazoglou I A, Aneziris O N. Master Logic Diagram: method for hazard and initiating event identification in process plants [J]. Journal of Hazardous Materials, 2003, 97 (1-3): 11-30.

[113] Poplin G S, Miller H B, Ranger-Moore J, et al. International evaluation of injury rates in coal mining: a comparison of risk and compliance-based regulatory approaches [J]. Safety Science, 2008, 46 (8): 1196-1204.

[114] Poplin G S, Miller H B, Ranger-Moore J, et al. International evaluation of injury rates in coal mining: a comparison of risk and compliance-based regulatory approaches [J]. Safety Science, 2008, 46 (8): 1196-1204.

[115] Potter R E, Dollard M F, Owen M S, et al. Assessing a national work health and safety policy intervention using the psychosocial safety climate framework [J]. Safety science, 2017, 100: 91-102.

[116] Pryke S. Social network analysis in construction [M]. John Wiley & Sons, 2012.

[117] Ramos D, Afonso P, Costa R. Cost-Benefit Analysis of Occupational Health and Safety: A Case Study [M]. Occupational and Environmental Safety and Health II. Springer, Cham, 2020: 689-695.

[118] Rasmussen J. Risk management in a dynamic society: a modelling problem [J]. Safety science, 1997, 27 (2-3): 183-213.

[119] Reason J. Managing the Risks of Organisational Accidents [J]. Actoolkit. unprme. org, 1997, 43 (12): 147-181 90 91 92 93.

[120] Salguero-Caparrós F, Pardo-Ferreira M C, Martínez-Rojas M, et al. Management of legal compliance in occupational health and safety. A literature review [J]. Safety science, 2020, 121: 111-118.

[121] Salguero-Caparros F, Suarez-Cebador M, Carrillo-Castrillo J A, et al. Quality evaluation of official accident reports conducted by labour authorities in Andalusia (Spain) [J]. Work, 2018, 59 (1): 23-38.

[122] Sawacha E, Naoum S, Fong D. Factors affecting safety performance on construction sites [J]. International Journal of Project Management, 1999, 17 (5): 309-315.

[123] Shao B, Hu Z, Liu Q, et al. Fatal accident patterns of building construction activities in China [J]. Safety science, 2019, 111: 253-263.

[124] Snijders T A B, Steglich C E G, Schweinberger M. Modeling the co-evolution of networks and behavior [J]. Longitudinal models in the behavioral and related sciences, 2007, 31 (4): 41-71.

[125] Snijders T A B. Models for longitudinal network data [J]. Models and methods in social network analysis, 2005, 1: 215-247.

[126] Snijders T A B. The statistical evaluation of social network dynamics [J]. Sociological methodology, 2001, 31 (1): 361-395.

[127] Suraji A, Duff A R, Peckitt S J. Development of causal model of construction accident causation [J]. Journal of Construction Engineering & Management, 2001, 127 (4): 337-344.

[128] Tixier J, Dusserre G, Salvi O, et al. Review of 62 risk analysis methodologies of industrial plants [J]. Journal of Loss Prevention in the process industries, 2002, 15 (4): 291-303.

[129] Tompa E, Kalcevich C, Foley M, et al. A systematic literature review of the effectiveness of occupational health and safety regulatory enforcement [J]. American journal of industrial medicine, 2016, 59 (11): 919-933.

[130] Tompa E, Kalcevich C, Foley M, et al. A systematic literature review of the effectiveness of occupational health and safety regulatory enforcement [J]. American journal of industrial medicine, 2016, 59 (11): 919-933.

[131] Tompa, E., Culyer, A. J., & Dolinschi, R. (Eds.). Economic evaluation of interventions for occupational health and safety: developing good practice [M]. Oxford University Press, 2008.

[132] Turner E L, Dobson J E, Pocock S J. Categorisation of continuous risk factors in epidemiological publications: a survey of current practice [J]. Epidemiologic Perspectives & Innovations, 2010, 7 (1): 1-10.

[133] U. K. Health and Safety Executive. Health and safety in construction in Great Britain, 2013 [EB/OL]. 2014-10-14/2019-08-22.

[134] Wasserman S, Iacobucci D. Sequential social network data [J]. Psychometrika, 1988, 53 (2): 261-282.

[135] Wirahadikusumah R D, Adhiwira F. The cost of implementing OHSMS regulation on high-rise building projects [C] //MATEC Web of Conferences. EDP Sciences, 2019, 270: 05007.

[136] Yannis G, Papadimitriou E, Dupont E, et al. Estimation of fatality and injury risk by means of in-depth fatal accident investigation data [J]. Traffic injury prevention, 2010, 11 (5): 492-502.

[137] Yeoum S J, Lee Y H. A study on prediction modeling of Korea millitary aircraft accident occurrence [J]. International Journal of Industrial Engineering Theory Applications & Practice, 2016, 20 (9-10): 562-573.

[138] Young, L. Common Sense, Common Safety: Report to the Prime Minister [M]. Her Majesty's Stationery Office, London, 2010.

[139] Zaranezhad A, Mahabadi H A, Dehghani M R. Development of prediction models for repair and maintenance-related accidents at oil refineries using artificial neural network, fuzzy system, genetic algorithm, and ant colony optimization algorithm [J]. Process Safety and Environmental Protection, 2019, 131: 331-348.

[140] Zarei E, Azadeh A, Khakzad N, et al. Dynamic safety assessment of natural gas stations using Bayesian network [J]. Journal of Hazardous Materials, 2017, 321: 830-840.

[141] Zarosylo V, Fatkhutdinova O, Morozovska T, et al. Legal regulation of occupational safety and health in the European Union and Ukraine: a comparative approach [J]. Scientific Bulletin of National Mining University, 2019 (6): 150-154.